高职高专电子信息类课改系列教材

U0169872

STC8 系列单片机原理及应用

（C 语言版）

主　编　林　洁

副主编　廖任秀　张　莹　朱苏航

西安电子科技大学出版社

内 容 简 介

本书从单片机开发职业岗位的任职需求出发，选取江苏国芯科技有限公司的 STC8 系列单片机为控制器，以自主开发的 51 单片机开发板及扩展板为平台，辅以各种调试工具，从简单的应用实例入手，全面而翔实地论述了单片机应用系统的结构、原理及应用。本书内容丰富、实用性强，书中大部分内容均来自科研工作及教学实践的总结，通过对 33 个典型案例的讲解，帮助读者循序渐进地学习。本书力求全面介绍 51 单片机的应用知识和系统开发过程，并将理论知识与操作练习融为一体，逐渐培养学生举一反三的能力，使之具备单片机系统的设计与调试能力。

本书在编写过程中注重内容的实用性、典型性以及对学生实践技能的培养；结合自制的开发板，增加了学习的趣味性；利用反思提问的方式，鼓励学生进行创新设计。

本书可作为高职院校单片机课程的教材，也可作为 51 单片机的初学者和使用 51 单片机从事项目开发的技术人员的自学与培训资料，还可作为自动控制、智能仪器仪表、电力电子、机电一体化等专业的技术人员的参考书。

图书在版编目(CIP)数据

STC8 系列单片机原理及应用：C 语言版 / 林洁主编. —西安：西安电子科技大学出版社，2020.11(2023.2 重印)

ISBN 978-7-5606-5744-8

Ⅰ. ①S…　Ⅱ. ①林…　Ⅲ. ①单片微型计算机—C 语言—程序设计
Ⅳ. ①TP368.1　②TP312.8

中国版本图书馆 CIP 数据核字(2020)第 132137 号

策　　划	高 樱
责任编辑	雷鸿俊
出版发行	西安电子科技大学出版社(西安市太白南路 2 号)
电　　话	(029)88202421　88201467　　　　邮　编　710071
网　　址	www.xduph.com　　　　电子邮箱　xdupfxb001@163.com
经　　销	新华书店
印刷单位	陕西天意印务有限责任公司
版　　次	2020 年 11 月第 1 版　　2023 年 2 月第 3 次印刷
开　　本	787 毫米×1092 毫米　1/16　印　张　13
字　　数	301 千字
印　　数	2001～4000 册
定　　价	33.00 元

ISBN 978 - 7 - 5606 - 5744 - 8 / TP

XDUP 6046001-3

如有印装问题可调换

前　言

本书是由多年从事嵌入式项目开发及课程教学的老师和企业的工程师一起编写的。编者从学生的学习能力、单片机应用技能的实用性和课程教学的可操作性出发，选择了当前国内流行的 51 单片机为主要教学平台，来介绍单片机控制系统的开发方法。

本书结合单片机自身特点以及典型的单片机系统应用，通过 4 大部分 9 个项目 33 个典型案例，来讲解单片机的基础组件及典型的外围应用。

第 1 部分是 STC8 系列单片机快速入门，包含项目 1～项目 3，主要围绕 10 个案例，讲解 51 单片机 I/O 口的输入/输出应用，巩固 C51 编程基础，增进逻辑思维训练。

第 2 部分是中断及定时器，包含项目 4 和项目 5，主要围绕 9 个案例，讲解 STC8 系列单片机中断及定时器的应用，利用动画帮助讲解抽象概念及工作原理，全面介绍 STC8 系列单片机。

第 3 部分是人机接口，包含项目 6～项目 8，主要围绕 13 个案例，从简单到复杂，结合人机接口应用对 STC8 系列单片机各资源进行综合讲解，从方法学角度开阔读者视野，提升读者编程能力。

第 4 部分是综合应用，即项目 9，主要围绕环境监测机器人案例，讲解 STC8 系列单片机在直流电机、蓝牙通信、温度采集等方面的综合应用，并介绍模块化编程方法，从实际工程应用层面出发，整体提升读者的应用开发能力。

书中每个案例都从任务分析、案例分析、举一反三和常见错误 4 个方面详细介绍了相关知识和技能，反复强调了硬件设计、参数计算、流程图设计、软件设计和系统联调的设计步骤，以便将其固化在读者的脑中。本书提供了丰富的教学资源，包括教学微视频、教学课件、操作手册、拓展资料、创新训练项目、案例仿真代码及仿真图、案例实物验证代码和开发板原理图及 PCB 图，方便读者学习。同时我们开发建设了与本书配套的在线课程（网址：http://www.zjooc.cn/；授课教师：林洁），登录后搜索"单片机应用技术"即可。

全书由林洁筹划、统稿，其中项目 3 及配套课件由朱苏航编写，项目 4 由廖任秀编写，项目 6 由张莹编写，其余内容均由林洁编写。本书配套的课件模板、动画设计和书中图片的后期处理均由浙江省景宁畲族自治县第一中学吴明建老师完成。书中所有案例均由董俊、俞新州和陈龙反复验证并配合拍摄为微视频，俞新州还辅助完成了配套外部扩展模块的设计、验证和部分案例操作手册的校对。在调试配套开发板和拍摄配套教学视频过程中，得到了周天添、陈佳滨、张卫栋等的帮助。在本书的编写过程中，江苏国芯科技有限公司姚永平总工程师和马汝星老师给予了大力指导，同时还得到了同事、领导及编者家人的大力支持，在此一并表示衷心的感谢！

由于编者水平有限，书中难免存在不足之处，恳请读者批评指正，联系邮箱：jielin98@126.com。

编　者

2020 年 3 月

目　　录

项目 1　人生初见——单片机及其开发平台

单片机的应用已经深入人们日常生活中的方方面面，本项目从单片机的概念入手，介绍了单片机及单片机应用系统、单片机的发展历史及分类、单片机的特点及应用，总结了单片机应用系统的开发流程，以 STC8 系列单片机为例简述了单片机包含的内部资源，并介绍了学习单片机的方法及开发工具。

1.1　初识单片机

单片机(Microcontrollers)全称为单片微型计算机(Single Chip Microcomputer, SCM)，又称微控制器(Microcontroller Uint, MCU)或嵌入式控制器(Embedded Controller)，它是微型计算机的一个很重要的分支。

1.1.1　单片机及单片机应用系统

单片机是一种集成电路芯片，其内部包含中央处理器(CPU)、存储器(ROM 和 RAM)、各种输入/输出(I/O)接口、系统时钟及系统总线，甚至模/数(A/D)、数/模(D/A)转换器件等基本部件，具有微型计算机的功能。因此，单片机只需要加入适当的软件和外部设备，便可组成一个应用系统。

单片机应用系统包括硬件系统和软件系统两部分，两者缺一不可。硬件系统是以单片机为控制核心，按照需要配以输入、输出等外围接口电路的物理系统；软件系统是利用高级语言编写的符合应用需求的可执行代码。硬件系统能在软件系统的指挥下完成各种时序、运算或动作，从而实现应用系统所要求的功能。

1.1.2　单片机的发展历史及分类

单片机自 1971 年诞生以来，经历了 SCM、MCU、SoC (System on Chip)三大阶段，世界各大半导体公司推出的单片机已有上百个系列共计上万种产品。早期的 SCM 单片机都是 8 位或 4 位的。其中最成功的是 Intel 的 8051，此后在 8051 上发展出了 8 位 MCS51 系列 MCU 系统，该系列的单片机直到目前还在广泛使用，现在常被称为 80C51 系列。随着工业控制领域要求的提高，开始出现了 16 位单片机，但因为性价比不理想并未得到很广泛的应用。20 世纪 90 年代后，随着消费电子产品大发展，单片机技术得到了巨大提高。随着 Intel i960 系列，特别是后来的 ARM 系列的广泛应用，32 位单片机迅速取代 16 位单片机的高端地位，进入主流市场。如今 ARM 系列已有了低端产品，性价比与 8 位单片机持平，今后还有向低端发展的空间。当然，ARM 系列是不会完全取代 8 位单片机市场的，因为传统的 8 位单片机的性能也得到了飞速提高。

当代单片机应用系统已经不只在裸机环境下开发和使用，大量专用的嵌入式操作系统被广泛应用在全系列的单片机上。在作为掌上电脑和手机核心处理器的高端单片机上，甚至可以直接使用专用的 Windows 和 Linux 操作系统。

单片机作为计算机发展的一个重要分支领域，根据发展情况，从不同角度，大致可以分为通用型/专用型、总线型/非总线型、工控型/家电型及 4/8/16/32 位单片机。

1.1.3 单片机的特点及应用

单片机的微型化技术的不断成熟，成就了单片机体积小、功耗低、可靠性高、抗干扰能力强、价格低的优势和具有位处理功能、引脚功能复用、类型多、系列全、速度快等特点。

随着超大规模集成电路技术的发展，单片机片内集成的功能越来越强大，并朝着系统的单片化(SoC)方向发展。目前，单片机几乎渗透到我们生活的各个领域。导弹的导航装置，飞机上各种仪表的控制，计算机的网络通信与数据传输，工业自动化过程的实时控制和数据处理，广泛使用的各种智能 IC 卡，民用汽车的安全保障系统，录像机、摄像机、全自动洗衣机的控制，以及程控玩具、电子宠物，等等，这些都离不开单片机。更不用说自动控制领域的机器人、智能仪表、医疗器械了。因此，单片机的学习、开发与应用将造就一批计算机应用与智能化控制的科学家和工程师。

1.1.4 常用的 8 位单片机

8 位单片机作为庞大的单片机家族中最简单、最基础的一种，从 20 世纪 80 年代起，就广泛应用于工业控制领域。90 年代后，随着消费电子产品大发展，单片机技术得到了巨大提高，相继诞生了一批经过市场考验、获得良好口碑的单片机制造厂商。如今，市面上的单片机种类繁多，根据市场调研机构发布的最新报告显示，目前 8 位单片机种类占单片机市场的一半左右，其市场战略地位不容小觑。表 1-1 列举了几种常用的 8 位单片机，这些单片机是其所属系列中比较有代表性的，其余的单片机读者可参阅相关的技术资料。通过对这些单片机的了解，读者可以在实际应用中更加灵活地选型，从而在开发过程中节省实际的成本。

表 1-1 几种常用的 8 位单片机生产厂商和主要机型

公司	典型产品系列
Intel(美国英特尔)	MCS-51/96 及其增强型系列
NS(美国国家半导体)	NS8070 系列
RCA(美国无线电)	CDP1800 系列
TI(美国得克萨斯仪器仪表)	TMS700 系列
Rockwell(美国洛克威尔)	6500 系列
Motorola(美国摩托罗拉)	6805 系列
Fairchild(美国仙童)	FS 系列及 3870 系列

续表

公司	典型产品系列
Microchip(美国微芯科技)	PIC8 系列
ATMEL(爱特梅尔)	AT89、AT90 系列
NEC(日本电气)	UCOM87、UPD7800 系列
英飞凌科技	XC800、XC886、XC888、XC82x、XC83x 等系列
TOSHIBA(东芝)	870、90 系列
Philips(荷兰飞利浦)	P89C51XX 系列
三星	KS86、KS88 系列
National(日本松下)	MN6800 系列
STC(宏晶科技)	STC 全系列

本书将江苏国芯科技有限公司的 STC8 系列单片机作为应用对象，带领读者开启探索单片机的神秘之旅。

1.1.5 STC8 系列单片机

STC8 系列单片机是江苏国芯科技有限公司(官方网址：http://www.stcmcu.com/index.htm)在国内推广的以宽电压、高可靠、高速、低功耗、强抗静电、较强抗干扰、超低价为目标的单时钟、机器周期(1T)8051 单片机，在相同的工作频率下，STC8 系列单片机比传统的 8051 约快 12 倍(速度快 11.2～13.2 倍)。它不需要外部晶振和外部复位，指令代码完全兼容传统 8051。因此本书以该系列中的 STC8A8K64S4A12 单片机为主，通过实例项目的设计实施，带领读者快速掌握单片机的基本应用。

1. STC8A8K64S4A12 简介

STC8A8K64S4A12 单片机的工作电压为 2.0～5.5 V，工作温度为−40～85 ℃；Flash 空间最大 64 KB，支持用户配置 EEPROM 大小，512 KB 单页擦除，擦写次数可达 10 万次以上；支持在线系统编程方式(ISP)更新用户应用程序，无需专用编程器；支持单芯片仿真，无需专用仿真器，理论断点个数无限制；片上集成 128 KB 直接访问 RAM(DATA)，128 KB 内部间接访问 RAM(IDATA)，8192 KB 内部扩展 RAM(内部 XDATA)，外部最大可扩展 64 KB RAM(外部 XDATA)；用户可自由选择内部 24 MHz 高精度 IRC、内部 32 kHz 低速 IRC、外部晶振(4～33 MHz) 3 种时钟源；5 个 16 位定时器/计数器 0/1/2/3/4，其中定时器 0 的方式 3 具有 NMI(不可屏蔽中断)功能，定时器 0 和定时器 1 的方式 0 为 16 位自动重载方式；4 个高速串口，波特率时钟源最快可为 $f_{osc}/4$；4 组 16 位 PCA 模块 CCP0/CCP1/ CCP2/CCP3，可用于捕获、高速脉冲输出及 6/7/8/10 位的 PWM 输出；8 组 15 位增强型 PWM，可实现带死区的控制信号，并支持外部异常检测功能。另外，还有 4 组传统的 PCA/CCP/ PWM 可作 PWM；15 通道的 12 位 A/D，速度最快可达 800k(即每秒可进行 80 万次模/数转换)；最多可达 59 个 GPIO(P0.0～P0.7、P1.0～P1.7、P2.0～P2.7、P3.0～P3.7、P4.0～P4.4、P5.0～P5.5、P6.0～P6.7、P7.0～P7.7)，所有的 GPIO 均支持准双向口、强推挽输出、开漏输出和高阻输

图 1-1 STC8A8K64S4A12-LQFP48 封装实物图

入 4 种模式；可通过上电复位、复位脚复位、看门狗溢出复位、低压检测复位等方式复位；提供 22 个中断源和 4 级中断优先级。封装有 LQFP64S、LQFP48 和 LQFP44 共 3 种，其中 LQFP48 的封装形式如图 1-1 所示，其引脚图如图 1-2 所示。在本书后续项目的应用中主要以 LQFP48 封装形式的 STC8A8K64S4A12 单片机为例。

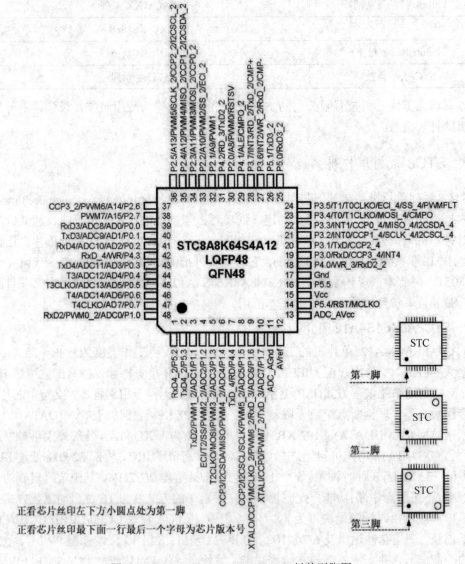

图 1-2 STC8A8K64S4A12-LQFP48 封装引脚图

那么，STC 单片机名字中的这些字母、数字都代表什么意思呢？大家可以参考图 1-3 所示的 STC 官方数据手册中的命名规则来了解其具体含义。

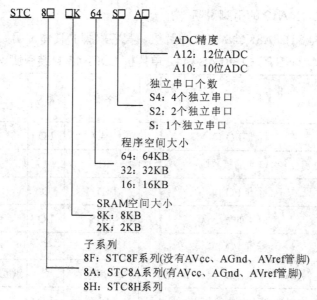

图 1-3　STC8 系列单片机命名规则

STC8A8K64S4A12 单片机内部结构框图如图 1-4 所示，其中包含中央处理器(CPU)、程序存储器(Flash)、数据存储器(SRAM)、定时器/计数器、串口 1～4、I/O 接口、高精度 A/D 转换、I^2C 接口、SPI 接口、PCA、PWM、看门狗及片内 IRC 振荡器和外部晶体振荡电路等模块。STC8A8K64S4A12 单片机几乎包含了数据采集和控制中所需的所有单元模块，可称得上一个片上系统。

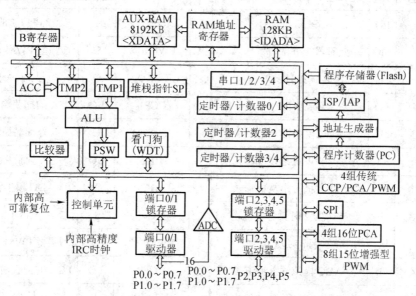

图 1-4　STC8A8K64S4A12 单片机内部结构框图

由图 1-4 可以看出，STC8A8K64S4A12 单片机的功能非常多，要全面了解和熟悉它需要不断地练习和应用，本书本着实用为主，从应用的角度出发，将在后续的项目案例中介绍相关功能。STC8A8K64S4A12 单片机的全部功能请读者学习江苏国芯科技有限公司提供的 STC8 系列单片机的数据手册。

2. STC8A8K64S4A12 的引脚说明

LQFP48 封装的 STC8A8K64S4A12 单片机，其各引脚的具体说明如表 1-2 所示。

表 1-2　STC8A8K64S4A12 单片机 LQFP48 封装引脚说明

编号	名称	类型	说明	编号	名称	类型	说明
1	P5.2	I/O	标准 I/O 口	7	P4.4	I/O	标准 I/O 口
	RxD4_2	I	串口 4 的接收脚		RD	I	外部总线的读信号线
2	P5.3	I/O	标准 I/O 口		TxD_4	O	串口 1 的发送脚
	TxD4_2	O	串口 4 的发送脚	8	P1.5	I/O	标准 I/O 口
3	P1.1	I/O	标准 I/O 口		ADC5	I	ADC 模拟输入通道 5
	ADC1	I	ADC 模拟输入通道 1		PWM5_2	O	增强型 PWM 通道 5 输出脚
	PWM1_2	O	增强型 PWM 通道 1 输出脚		SCLK	I/O	SPI 的时钟脚
	TxD2	O	串口 2 的发送脚		SCL	I/O	I²C 的时钟线
4	P1.2	I/O	标准 I/O 口		CCP2	I/O	PCA 的捕获输入和脉冲输出
	ADC2	I	ADC 模拟输入通道 2	9	P1.6	I/O	标准 I/O 口
	PWM2_2	O	增强型 PWM 通道 2 输出脚		ADC6	I	ADC 模拟输入通道 6
	SS	I/O	SPI 从机选择		RxD_3	I	串口 1 的接收脚
	T2	I	定时器 2 外部时钟输入		PWM6_2	O	增强型 PWM 通道 6 输出脚
	ECI	I	PCA 的外部脉冲输入		MCLKO_2	O	主时钟分频输出
5	P1.3	I/O	标准 I/O 口		CCP1	I/O	PCA 的捕获输入和脉冲输出
	ADC3	I	ADC 模拟输入通道 3		XTALO	O	外部晶振的输出脚
	PWM3_2	O	增强型 PWM 通道 3 输出脚	10	P1.7	I/O	标准 I/O 口
	MOSI	I/O	SPI 主机输出从机输入		ADC7	I	ADC 模拟输入通道 7
	T2CLKO	I	定时器 2 时钟分频输出		TxD_3	I	串口 1 的发送脚
6	P1.4	I/O	标准 I/O 口		PWM7_2	O	增强型 PWM 通道 7 输出脚
	ADC4	I	ADC 模拟输入通道 4		CCP0	I/O	PCA 的捕获输入和脉冲输出
	PWM4_2	O	增强型 PWM 通道 4 输出脚		XTALI	I	外部晶振/外部时钟的输入脚
	MISO	I/O	SPI 主机输入从机输出	11	ADC_AGnd	GND	ADC 地线
	SDA	I/O	I²C 接口的数据线	12	AVref	I	ADC 的参考电压脚
	CCP3	I/O	PCA 的捕获输入和脉冲输出	13	ADC_AVcc	VCC	ADC 电源脚

续表一

编号	名称	类型	说明	编号	名称	类型	说明
14	P5.4	I/O	标准 I/O 口	23	P3.4	I/O	标准 I/O 口
	RST	I	复位引脚		T0	I	定时器 0 外部时钟输入
	MCLKO	O	主时钟分频输出		T1CLKO	O	定时器 1 时钟分频输出
15	Vcc	VCC	电源脚		MOSI_4	I/O	SPI 主机输出从机输入
16	P5.5	I/O	标准 I/O 口		CMPO	O	比较器输出
17	Gnd	GND	地线	24	P3.5	I/O	标准 I/O 口
18	P4.0	I/O	标准 I/O 口		T1	I	定时器 1 外部时钟输入
	WR_3	O	外部总线的写信号线		T0CLKO	O	定时器 0 时钟分频输出
	RxD2_2	I	串口 2 的接收脚		ECI_4	I	PCA 的外部脉冲输入
19	P3.0	I/O	标准 I/O 口		SS_4	I	SPI 的从机选择脚（主机为输出）
	RxD	I	串口 1 的接收脚		PWMFLT	I	增强型 PWM 的外部异常检测脚
	CCP3_4	I/O	PCA 的捕获输入和脉冲输出	25	P5.0	I/O	标准 I/O 口
	INT4	I	外部中断 4		RxD3_2	I	串口 3 的接收脚
20	P3.1	I/O	标准 I/O 口	26	P5.1	I/O	标准 I/O 口
	TxD	O	串口 1 的发送脚		TxD3_2	O	串口 3 的发送脚
	CCP2_4	I/O	PCA 的捕获输入和脉冲输出	27	P3.6	I/O	标准 I/O 口
21	P3.2	I/O	标准 I/O 口		INT2	I	外部中断 2
	INT0	I	外部中断 0		WR_2	O	外部总线的写信号线
	CCP1_4	I/O	PCA 的捕获输入和脉冲输出		RxD_2	I	串口 1 的接收脚
	SCLK_4	I/O	SPI 的时钟脚		CMP-	I	比较器负极输入
	SCL_4	I/O	I^2C 的时钟线	28	P3.7	I/O	标准 I/O 口
22	P3.3	I/O	标准 I/O 口		INT3	I	外部中断 3
	INT1	I	外部中断 1		RD_2	O	外部总线的读信号线
	CCP0_4	I/O	PCA 的捕获输入和脉冲输出		TxD_2	O	串口 1 的发送脚
	MISO_4	I/O	SPI 主机输入从机输出		CMP+	I	比较器正极输入
	SDA_4	I/O	I^2C 接口的数据线				

编号	名称	类型	说明	编号	名称	类型	说明
29	P4.1	I/O	标准 I/O 口	35	PWM4	O	增强型 PWM 通道 4 输出脚
	ALE	O	地址锁存信号		MISO_2	I/O	SPI 主机输入从机输出
	CMPO_2	O	比较器输出		SDA_2	I/O	I^2C 接口的数据线
30	P2.0	I/O	标准 I/O 口		CCP1_2	I/O	PCA 的捕获输入和脉冲输出
	A8	I	地址总线	36	P2.5	I/O	标准 I/O 口
	PWM0	O	增强型 PWM 通道 0 输出脚		A13	I	地址总线
	RSTSV	—	端口的初识电平可 ISP 下载时配置		PWM5	O	增强型 PWM 通道 5 输出脚
31	P4.2	I/O	标准 I/O 口		SCLK_2	I/O	SPI 的时钟脚
	RD_3	O	外部总线的读信号线		SCL_2	I/O	I^2C 的时钟线
	TxD2_2	O	串口 2 的发送脚		CCP2_2	I/O	PCA 的捕获输入和脉冲输出
32	P2.1	I/O	标准 I/O 口	37	P2.6	I/O	标准 I/O 口
	A9	I	地址总线		A14	I	地址总线
	PWM1	O	增强型 PWM 通道 1 输出脚		PWM6	O	增强型 PWM 通道 6 输出脚
33	P2.2	I/O	标准 I/O 口		CCP3_2	I/O	PCA 的捕获输入和脉冲输出
	A10	I	地址总线	38	P2.7	I/O	标准 I/O 口
	PWM2	O	增强型 PWM 通道 2 输出脚		A15	I	地址总线
	SS_2	I	SPI 的从机选择脚(主机为输出)		PWM7	O	增强型 PWM 通道 7 输出脚
	ECI_2	I	PCA 的外部脉冲输入	39	P0.0	I/O	标准 I/O 口
34	P2.3	I/O	标准 I/O 口		AD0	I	地址总线
	A11	I	地址总线		ADC8	I	ADC 模拟输入通道 8
	PWM3	O	增强型 PWM 通道 3 输出脚		RxD3	I	串口 3 的接收脚
	MOSI_2	I/O	SPI 主机输出从机输入	40	P0.1	I/O	标准 I/O 口
	CCP0_2	I/O	PCA 的捕获输入和脉冲输出		AD1	I	地址总线
35	P2.4	I/O	标准 I/O 口		ADC9	I	ADC 模拟输入通道 9
	A12	I	地址总线		TxD3	O	串口 3 的发送脚

编号	名称	类型	说明	编号	名称	类型	说明
41	P0.2	I/O	标准 I/O 口	45	P0.5	I/O	标准 I/O 口
	AD2	I	地址总线		AD5	I	地址总线
	ADC10	I	ADC 模拟输入通道 10		ADC13	I	ADC 模拟输入通道 13
	RxD4	I	串口 4 的接收脚		T3CLKO	O	定时器 3 时钟分频输出
42	P4.3	I/O	标准 I/O 口	46	P0.6	I/O	标准 I/O 口
	WR	O	外部总线的写信号线		AD6	I	地址总线
	RxD_4	I	串口 1 的接收脚		ADC14	I	ADC 模拟输入通道 14
43	P0.3	I/O	标准 I/O 口		T4	I	定时器 4 外部时钟输入
	AD3	I	地址总线	47	P0.7	I/O	标准 I/O 口
	ADC11	I	ADC 模拟输入通道 11		AD7	I	地址总线
	TxD4	I	串口 4 的发送脚		T4CLKO	O	定时器 4 时钟分频输出
44	P0.4	I/O	标准 I/O 口	48	P1.0	I/O	标准 I/O 口
	AD4	I	地址总线		ADC0	I	ADC 模拟输入通道 0
	ADC12	I	ADC 模拟输入通道 12		PWM0_2	O	增强型 PWM 通道 0 输出脚
	T3	I	定时器 3 外部时钟输入		RxD2	I	串口 2 的接收脚

3. STC8A8K64S4A12 的功能脚切换

STC8 系列单片机的特殊外设串口 1、串口 2、串口 3、串口 4、SPI、PCA、PWM、I^{2}C 以及总线控制脚可以在多个 I/O 口直接进行切换，以实现一个外设当多个设备进行分时复用。

由于 STC8 系列单片机的功能脚切换相关寄存器比较多，这里只列出本书介绍的案例中可能涉及的外设端口切换寄存器 1、外设端口切换寄存器 2 和 PWM0～PWM7 控制寄存器，其他寄存器读者可查阅江苏国芯科技有限公司提供的 STC8 系列单片机的数据手册。外设端口切换寄存器 1 的具体定义如表 1-3 所示，外设端口切换寄存器 2 的具体定义如表 1-4 所示，PWM0～PWM7 控制寄存器的具体定义如表 1-5 所示。

表 1-3　外设端口切换寄存器 1——P_SW1 的具体定义

符号	地址	B7	B6	B5	B4	B3	B2	B1	B0
P_SW1	A2H	S1_S[1:0]		CCP_S[1:0]		SPI_S[1:0]		0	—
S1_S[1:0]：串口 1 功能脚选择位						SPI_S[1:0]：SPI 功能脚选择位			
S1_S[1:0]		RxD	TxD	SPI_S[1:0]		SS	MOSI	MISO	SCLK
00		P3.0	P3.1	00		P1.2	P1.3	P1.4	P1.5
01		P3.6	P3.7	01		P2.2	P2.3	P2.4	P2.5
10		P1.6	P1.7	10		P7.4	P7.5	P7.6	P7.7
11		P4.3	P4.4	11		P3.5	P3.4	P3.3	P3.2

符号	地址	B7	B6	B5	B4	B3	B2	B1	B0
P_SW1	A2H	S1_S[1:0]		CCP_S[1:0]		SPI_S[1:0]		0	—

CCP_S[1:0]：PCA 功能脚选择位

CCP_S[1:0]	ECI	CCP0	CCP1	CCP2	CCP3
00	P1.2	P1.7	P1.6	P1.5	P1.4
01	P2.2	P2.3	P2.4	P2.5	P2.6
10	P7.4	P7.0	P7.1	P7.2	P7.3
11	P3.5	P3.3	P3.2	P3.1	P3.0

表 1-4　外设端口切换寄存器 2——P_SW2 的具体定义

符号	地址	B7	B6	B5	B4	B3	B2	B1	B0
P_SW2	BAH	EAXFR	—	$I^2C\_S[1:0]$		CMPO_S	S4_S	S3_S	S2_S

$I^2C\_S[1:0]$：I^2C 功能脚选择位				CMPO_S：比较器功能脚选择位	
$I^2C\_S [1:0]$	SCL	SDA		CMPO_S	CMPO
00	P1.5	P1.4		0	P3.4
01	P2.5	P2.4		1	P4.1
10	P7.7	P7.6		S4_S：串口 4 功能选择位	
11	P3.2	P3.3		S4_S	RxD4	TxD4
				0	P0.2	P0.3
				1	P5.2	P5.3

S3_S：串口 3 功能选择位				S2_S：串口 2 功能选择位		
S3_S	RxD3	TxD3		S2_S	RxD2	TxD2
0	P0.0	P0.1		0	P1.0	P1.1
1	P5.0	P5.1		1	P4.0	P4.2

表 1-5　增强型 PWM 控制寄存器的具体定义

符号	地址	B7	B6	B5	B4	B3	B2	B1	B0
PWM0CR	FF04H	ENC0O	C0INI	—	C0_S[1:0]		EC0I	EC0T2SI	EC0T1SI
PWM1CR	FF14H	ENC1O	C1INI	—	C1_S[1:0]		EC1I	EC1T2SI	EC1T1SI
PWM2CR	FF24H	ENC2O	C2INI	—	C2_S[1:0]		EC2I	EC2T2SI	EC2T1SI
PWM3CR	FF34H	ENC3O	C3INI	—	C3_S[1:0]		EC3I	EC3T2SI	EC3T1SI
PWM4CR	FF44H	ENC4O	C4INI	—	C4_S[1:0]		EC4I	EC4T2SI	EC4T1SI
PWM5CR	FF54H	ENC5O	C5INI	—	C5_S[1:0]		EC5I	EC5T2SI	EC5T1SI
PWM6CR	FF64H	ENC6O	C6INI	—	C6_S[1:0]		EC6I	EC6T2SI	EC6T1SI
PWM7CR	FF74H	ENC7O	C7INI	—	C7_S[1:0]		EC7I	EC7T2SI	EC7T1SI

C0_S[1:0]	通道 0	C1_S[1:0]	通道 1	C2_S[1:0]	通道 2	C3_S[1:0]	通道 3
00	P2.0	00	P2.1	00	P2.2	00	P2.3
01	P1.0	01	P1.1	01	P1.2	01	P1.3
10	P6.0	10	P6.1	10	P6.2	10	P6.3
11	保留	11	保留	11	保留	11	保留

续表

符号	地址	B7	B6	B5	B4	B3	B2	B1	B0
C4_S[1:0]	通道 4	C5_S[1:0]	通道 5		C6_S[1:0]		通道 6	C7_S[1:0]	通道 7
00	P2.4	00	P2.5		00		P2.6	00	P2.7
01	P1.4	01	P1.5		01		P1.6	01	P1.7
10	P6.4	10	P6.5		10		P6.6	10	P6.7
11	保留	11	保留		11		保留	11	保留

注：Cx_S[1:0]是增强型 PWM 通道 x 输出脚选择位，其中 x 为 0～7。

4. STC8A8K64S4A12 的系统时钟控制器

系统时钟是指对主时钟进行分频后供给 CPU、定时器、串行口、SPI、CCP/PWM/PCA、A/D 转换和所有外设系统的实际工作时钟，主时钟有 3 个时钟源可供选择：内部 24 MHz 高精度 IRC、内部 32 kHz 的 IRC(误差较大)和外部晶振或外部时钟信号。用户可通过程序分别使能和关闭各个时钟源，以及内部提供时钟分频以达到降低功耗的目的。单片机进入掉电模式后，系统时钟控制器将会关闭所有的时钟源。系统时钟控制器结构图如图 1-5 所示，MCLK 是主时钟频率，SYS$_{clk}$ 是系统时钟频率。

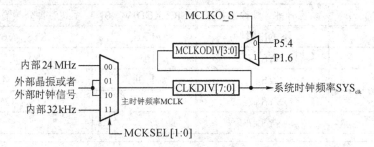

图 1-5　系统时钟控制器结构图

STC8A8K64S4A12 的系统时钟控制器的相关寄存器的定义如表 1-6 所示。

表 1-6　系统时钟控制器相关寄存器的定义

符号	描述	地址	B7	B6	B5	B4	B3	B2	B1	B0	复位值
CKSEL	系统时钟选择寄存器	FE00H	MCLKODIV[3:0]				MCLKO_S	—	MCKSEL[1:0]		0000,0000
CLKDIV	内部时钟分频寄存器	FE01H									0000,0100
IRC24MCR	内部 24 MHz 振荡器控制寄存器	FE02H	ENIRC24M	—	—	—	—	—	—	IRC24MST	1xxx,xxx0
XOSCCR	外部晶振控制寄存器	FE03H	ENXOSC	XITYPE	—	—	—	—	—	XOSCST	00xx,xxx0
IRC32KCR	内部 32 kHz 振荡器控制寄存器	FE04H	ENIRC32K	—	—	—	—	—	—	IRC32KST	0xxx,xxx0

本书主要介绍内部时钟分频寄存器 CLKDIV 和系统时钟选择寄存器 CKSEL，有关 24 MHz 高精度 IRC 控制寄存器 IRC24MCR、外部晶振控制寄存器 XOSCCR 和内部 32 kHz 低速 IRC 控制寄存器 IRC32KCR 的应用，请读者查阅江苏国芯科技有限公司提供的 STC8 系列单片机的数据手册。

1) 内部时钟分频寄存器 CLKDIV

内部时钟分频寄存器 CLKDIV 是主时钟分频系数，它的取值范围为 0～255，系统时钟 SYS_{clk} 是对主时钟 MCLK 进行分频后的时钟信号。

2) 系统时钟选择寄存器 CKSEL

系统时钟选择寄存器 CKSEL 可用于选择系统时钟的时钟源，若希望降低系统功耗，可对时钟进行分频，其具体定义如表 1-7 所示。

表 1-7 系统时钟选择寄存器的定义

符号	地址	B7	B6	B5	B4	B3	B2	B1	B0
CKSEL	FE00H	MCLKODIV[3:0]				MCLKO_S		MCKSEL[1:0]	

MCLKODIV[3:0]：系统时钟输出分频系数

(注意：系统时钟分频输出的时钟源 SYS_{clk} 是主时钟 MCLK 经过 CLKDIV 分频后的系统时钟)

MCLKODIV[3:0]	系统时钟分频输出频率	MCLKODIV[3:0]	系统时钟分频输出频率
0000	不输出时钟	100x	$SYS_{clk}/16$
0001	$SYS_{clk}/1$	101x	$SYS_{clk}/32$
001x	$SYS_{clk}/2$	110x	$SYS_{clk}/64$
010x	$SYS_{clk}/4$	111x	$SYS_{clk}/128$
011x	$SYS_{clk}/8$		

MCLKO_S：系统时钟输出管脚选择

0	系统时钟分频输出到 P5.4 口
1	系统时钟分频输出到 P1.6 口

MCKSEL[1:0]：主时钟源选择

MCKSEL [1:0]	主时钟源
00	内部 24 MHz 高精度 IRC
01	外部晶体振荡器或外部输入时钟信号
10	
11	内部 32 kHz 低速 IRC

如果外部时钟频率在 33 MHz 以上，建议直接使用外部有源晶振。如果外部时钟频率在 27 MHz 以上，使用标称频率即基本频率的晶体，不要使用三泛音的晶体，否则如参数搭配不当，就有可能振在基频，此时实际频率就只有标称频率的 1/3，或直接使用外部有源晶振，时钟从 XTAL1 脚输入，XTAL2 脚必须浮空。如果使用内部 R/C 振荡器时钟，XTAL1 和 XTAL2 脚浮空。单片机常用时钟电路如图 1-6 所示。

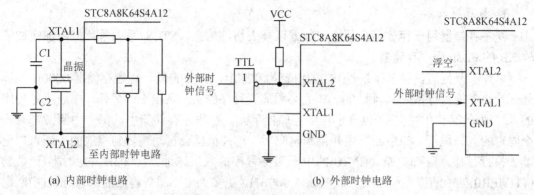

(a) 内部时钟电路　　　　　　　　　　　　　(b) 外部时钟电路

图 1-6　单片机常用时钟电路

5. STC8A8K64S4A12 的内部 IRC 频率调整

STC8 系列单片机内部均集成有一颗高精度内部 IRC 振荡器，在用户使用 ISP 下载软件进行下载时，ISP 下载软件会根据用户所选择/设置的频率自动进行调整，一般频率值可调整到±0.3%以下，调整后的频率在全温度范围内(-40~85 ℃)的温漂可达-1.8%~0.8%。

STC8 系列内部 IRC 只有一个频段，此频段的中心频率约为 24 MHz，最小频率约为 16 MHz，最大频率约为 30 MHz(注意：不同的芯片以及不同的生成批次可能会有 5%左右的制造误差)。

内部 IRC 频率的调整读者可查阅江苏国芯科技有限公司提供的 STC8 系列单片机的数据手册。

6. STC8A8K64S4A12 的复位

复位是单片机的初始化操作，使程序从指定处开始执行。STC8 系列单片机的复位分为硬件复位和软件复位两种。硬件复位时，所有的寄存器的值会复位到初始值，系统会重新读取所有的硬件选项。同时根据硬件选项所设置的上电等待时间进行上电等待。硬件复位主要包括上电复位、低压复位、复位脚复位和看门狗复位。软件复位时，除与时钟相关的寄存器保持不变外，其余寄存器的值都会复位到初始值，软件复位不会重新读取所有的硬件选项。软件复位主要是写 IAP_CONTR 的 SWRST 所触发的复位。STC8A8K64S4A12 的复位引脚是 P5.4，可通过 ISP 下载软件直接在下载程序时进行复位，因此可以将复位引脚直接用于普通 I/O 口。相关寄存器的定义请读者查阅江苏国芯科技有限公司提供的 STC8 系列单片机的数据手册。

7. STC8A8K64S4A12 的存储器

存储器是单片机内用于存储数据的地方，STC8 系列单片机的程序存储器和数据存储器是各自独立编址的。由于没有提供访问外部程序存储器的总线，所有单片机的所有程序存储器都是片上 Flash 存储器，不能访问外部程序存储器。

STC8A8K64S4A12 单片机内部有 8192 B + 256 B 的数据存储器，其在物理和逻辑上分为 2 个地址空间，即内部 RAM(256 B)和内部扩展 RAM(8192 B)，其中内部 RAM 的高 128 B 的数据存储器与特殊功能寄存器(SFRs)地址重叠，实际使用时通过不同的寻址方式加以区分。另外，STC8 系列封装管脚数为 40 及其以上的单片机还可以访问在片外扩展的 64 KB 外部数据存储器。

1) 程序存储器

程序存储器用于存放用户程序、数据以及表格等信息。STC8 系列单片机内部集成了 64 KB 的 Flash 程序存储器。

单片机复位后，程序计数器(PC)的内容为 0000H，CPU 自动从程序存储器 0000H 地址处开始逐条地执行指令，因此 0000H 处必须放置程序的第一条指令。另外，中断服务程序的入口地址(又称中断向量)也位于程序存储器单元。在程序存储器中，每个中断源都有一个固定的入口地址，当中断发生并得到响应后，单片机就会自动跳转到相应的中断入口地址去执行程序。外部中断 0(INT0)的中断服务程序的入口地址是 0003H，定时器/计数器 0(TIMER0)的中断服务程序的入口地址是 000BH，更多的中断服务程序的入口地址(中断向量)请参考中断介绍部分。

由于相邻中断入口地址的间隔区间仅仅有 8 B，一般情况下无法保存完整的中断服务程序，因此在中断响应的地址区域存放一条无条件转移指令，指向真正存放中断服务程序的空间去执行。

STC8 系列单片机中都包含有 Flash 数据存储器(EEPROM)，以字节为单位进行读/写数据，以 512 B 为页单位进行擦除，可在线反复编程擦写 10 万次以上，提高了使用的灵活性和方便性。STC8A8K64S4A12 单片机的程序存储器结构如图 1-7 所示。

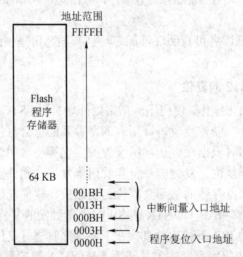

图 1-7　STC8A8K64S4A12 单片机的程序存储器结构

2) 数据存储器

STC8 系列单片机内部集成的 RAM 可用于存放程序执行的中间结果和过程数据。STC8A8K64S4A12 单片机的数据存储器在物理和逻辑上都分为两个地址空间：内部数据存储器(256B)和内部扩展数据存储器(8192 B)。另外，STC8 系列封装管脚数为 40 及其以上的单片机还可以访问在片外扩展的 64 KB 外部数据存储器。

(1) 内部 RAM。

内部 RAM 共 256 B，可分为两个部分：低 128 B RAM 和高 128 B RAM。低 128 B RAM 与传统 8051 兼容，既可直接寻址，也可间接寻址。高 128 B RAM(Intel 在 8052 中扩展了高 128 B RAM)与特殊功能寄存器区共用相同的逻辑地址，都使用 80H～FFH，但在物理上是分别独立的,使用时通过不同的寻址方式加以区分。高 128 B RAM 只能间接寻址,特殊功能寄存器区只可直接寻址。低 128 B RAM 也称通用 RAM 区,它又可分成工作寄存器组区(00H～1FH)、可位寻址区(20H～2FH)、堆栈和缓冲区(30H～7FH)。内部数据存储器的结构如图 1-8 所示。

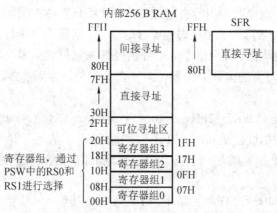

图1-8 内部数据存储器结构

工作寄存器组区地址从 00H～1FH 共 32 B,分为 4 组,每组包含 8 个 8 位的工作寄存器,编号均为 R0～R7,但属于不同的物理空间。通过使用工作寄存器组,可以提高运算速度。程序状态字寄存器 PSW(Program Status Word)中的 RS1 和 RS0 组合决定当前使用的工作寄存器组,PSW 中各位的具体定义如表 1-8 所示。

表 1-8 程序状态字寄存器中各位的具体定义

符号	地址	B7	B6	B5	B4	B3	B2	B1	B0
PSW	D0H	CY	AC	F0	RS1	RS0	OV	—	P

CY(PSW.7):进位标志(助记符为 C)。此位有两个功能:一是当累加器 A 的最高位有进位或借位时,硬件自动将该位置位(即 CY=1),否则该位自动清零;二是在位操作中作"位累加器"使用。

AC(PSW.6):辅助进位标志。进行加减运算时,当累加器 A 的低 4 位数向高 4 位数有进位或借位时,AC 自动置位,否则自动清零。

F0(PSW.5):用户自定义标志。供用户自行定义,用作标记,可用软件使其置位或清零。

RS1、RS0(PSW.4、PSW.3):寄存器组选择控制位。单片机片内 RAM 的 00H～1FH 共 32 个字节被均匀地分为 4 组,每组相当于 8 个 8 位寄存器,均以 R0～R7 来命名。CPU 只要根据用户定义的 RS1 和 RS0,即可选中其中一组寄存器,对应的编码关系如表 1-9 所示。

表 1-9 程序状态字寄存器与工作寄存器组对应关系

RS1	RS0	寄存器组	地址							
			R0	R1	R2	R3	R4	R5	R6	R7
0	0	0 组	00H	01H	02H	03H	04H	05H	06H	07H
0	1	1 组	08H	09H	0AH	0BH	0CH	0DH	0EH	0FH
1	0	2 组	10H	11H	12H	13H	14H	15H	16H	17H
1	1	3 组	18H	19H	1AH	1BH	1CH	1DH	1EH	1FH

OV(PSW.2)：溢出标志。带符号数进行加减运算时，若结果超出了累加器 A 所能表示的符号数有效范围(−128～+127)，则产生溢出，OV 自动置 1，表明运算结果错误。如果 OV 自动清零，表明没有产生溢出，运算结果正确。

进行乘法运算时，若乘积超过 255，则 OV 自动置 1，表明乘积存放在 A 和 B 两个寄存器中。若 OV 为 0，则说明乘积没有超过 255，乘积只存放在累加器 A 中。

进行除法运算时，若除数为 0，则 OV 自动置 1，运算不被执行；否则，OV 清零。

P(PSW.0)：奇偶校验位。每个指令周期都由硬件来置位或清零，以表示累加器 A 中"1"的位数的奇偶性。若"1"的位数为奇数，则 P 自动置位，否则清零。该标志位常用于检验数据传输的正确性。

可位寻址区的地址是 20H～2FH，共 16 个字节单元，128 位，位地址范围是 00H～7FH。内部 RAM 低 128 B 的地址也是 00H～7FH，从外表看，二者地址是一样的，实际上二者具有本质的区别：位地址指向的是一个位，而字节地址指向的是一个字节单元，在程序中使用不同的指令区分。

内部 RAM 中的 30H～FFH 单元是用户 RAM 和堆栈区。堆栈指针(SP)是一个 8 位专用寄存器，一个 8 位的堆栈指针，它指示出堆栈顶部在内部 RAM 块中的位置。单片机复位后，堆栈指针 SP 为 07H，指向工作寄存器组 0 中的 R7，因此，用户初始化程序都应对 SP 设置初值，一般设置在 80H 以后的单元为宜。

(2) 内部扩展 RAM。

STC8 系列单片机片内除了集成 256 B 的内部 RAM 外，还集成了内部扩展 RAM，内部扩展数据存储器的结构如图 1-9 所示。访问内部扩展 RAM 的方法和传统 8051 单片机访问外部扩展 RAM 的方法相同，但是不影响 P0 口(数据总线和高 8 位地址总线)、P2 口(低 8 位地址总线)以及 RD、WR、ALE 等端口上的信号。

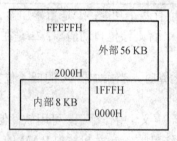

图 1-9　内部扩展数据存储器结构

在 C 语言中，使用 xdata/pdata 声明存储类型即可。如：

　　unsigned char xdata i;

　　unsigned int pdata j;

注：pdata 即为 xdata 的低 256 B，在 C 语言中定义变量为 pdata 类型后，编译器会自动将变量分配在 xdata 的 0000H～00FFH 区域，并使用 MOVX @Ri,A 和 MOVX A,@Ri 进行访问。

单片机内部扩展 RAM 是否可以访问，受辅助寄存器 AUXR 中的 EXTRAM 位控制。辅助寄存器中各位的具体定义如表 1-10 所示。

表 1-10　辅助寄存器中各位的具体定义

符号	地址	B7	B6	B5	B4	B3	B2	B1	B0
AUXR	8EH	T0x12	T1x12	UART_M0x6	T2R	T2_C/T	T2x12	EXTRAM	S1ST2

EXTRAM：扩展 RAM 访问控制，0 表示访问内部扩展 RAM，当访问地址超出内部扩展 RAM 的地址时，系统会自动切换到外部扩展 RAM；1 表示访问外部扩展 RAM，内部扩展 RAM 被禁用。

(3) 外部扩展 RAM。

STC8 系列封装管脚数为 40 及其以上的单片机具有扩展 64 KB 外部数据存储器的能力。访问外部数据存储器期间，WR/RD/ALE 信号要有效。STC8 系列单片机新增了一个控制外部 64 KB 数据总线速度的特殊功能寄存器 BUS_SPEED，BUS_SPEED 各位的具体定义如表 1-11 所示。

表 1-11　总线速度控制寄存器 BUS_SPEED 中各位的具体定义

符号	地址	B7	B6	B5	B4	B3	B2	B1	B0
BUS_SPEED	A1H	RW_S[1:0]						SPEED[1:0]	

RW_S[1:0]：RD/WR 控制线选择位，00 表示 P4.4 为 RD，P4.3 为 WR；01 表示 P3.7 为 RD，P3.6 为 WR；10 表示 P4.2 为 RD，P4.0 为 WR；11 表示保留。

SPEED[1:0]：总线读写速度控制(读写数据时控制信号和数据信号的准备时间和保持时间)，00 表示 1 个时钟；01 表示 2 个时钟；10 表示 4 个时钟；11 表示 8 个时钟。

3) 存储器中的特殊参数

STC8 系列单片机内部的数据存储器和程序存储器中保存有与芯片相关的一些特殊参数，包括全球唯一 ID 号、32 K 掉电唤醒定时器的频率、内部 Bandgap 电压值以及 IRC 参数。由于存储器中的特殊参数在特殊情况下才需要应用，因此本书对此不作详细说明。

4) 特殊功能寄存器区

特殊功能寄存器(SFR)区包含的都是用来对片内各功能模块进行管理、控制、监视的控制寄存器和状态寄存器，是一个特殊功能的 RAM 区。STC8A8K64S4A12 单片机内的 SFR 的地址范围为 80H～FFH，由于特殊功能寄存器的数量比较多，本书将在后面案例应用中详细介绍一部分，其余的请读者查阅江苏国芯科技有限公司提供的 STC8 系列单片机的数据手册。需要注意的是，由于特殊功能寄存器的逻辑地址位于 XDATA 区域，访问前需要将 P_SW2(BHA)寄存器的最高位(EAXFR)置 1，然后使用 MOVX A，@DPTR 和 MOVX @DPTR，A 指令进行访问。

1.1.6　单片机应用系统的开发流程

由于单片机自身的特点，它的应用面非常广，虽然在进行应用系统设计时技术要求各有不同，但不管开发什么单片机应用产品，总体的设计方法和开发步骤是基本相同的。

一般来说，一个单片机应用系统的开发大致分为以下 4 个步骤。

1. 总体设计

总体设计，主要是明确应用系统的功能和主要技术指标，在论证系统的可行性，综合考虑系统的可靠性、可维护性和成本之后确立整体的设计方案。方案设计中大致包括机型选择、器件选择、软硬件功能划分等，若系统较大，则将其划分为多个功能模块，明确各模块的功能及相互之间的衔接问题。

2. 硬件设计

在整体设计方案的基础上，依据系统的功能及主要技术指标要求，确定外围电路的具体设计方案，然后设计系统各功能模块电路及接口电路，画出具体的原理图并进行仿真验证，同时还要注意考虑工作环境的因素，解决硬件上的干扰和功耗等问题。最后进行 PCB 板的设计、制作、安装和调试。

3. 软件设计

软件设计是单片机应用系统设计过程中的关键部分，可以与硬件设计同步进行。软件设计是根据硬件电路设计出相应的功能程序，并在硬件平台上进行调试，根据调试结果进一步改进设计方案，再重复硬件设计、软件设计，以期达到产品的设计要求。

4. 系统调试

在软、硬件设计完成后，必须进行系统调试，以便验证系统功能是否齐全、操作是否合理、是否受工作环境的影响，最后还要考虑产品化、日常维护、今后的功能扩展、升级完善等问题。

实际项目开发过程其实在总体设计之前还应有产品需求调研、产品立项、确定设计机构和攻关技术难点的过程，而在系统调试后还应有小批量试产和产品量产的过程，这样才能完整地开发出一个有实际价值的真实产品。对于初学者来说，先掌握从总体设计到系统调试的过程即可，将来随着开发经验不断积累，就可以慢慢尝试做一些有实际市场需求的产品。

1.1.7　学习单片机的方法

其实真正学习单片机的过程，既让人兴奋又让人疲惫，既让人无奈又让人不得不佩服，既让人孤独又让人充实，既让人气愤又让人欣慰，既有失落感又有成就感。其中的酸甜苦辣，只有学过的人才深有体会。思想上要有刻苦学习的决心，硬件上要有一套完整的学习开发工具，软件上要注重理论和实践相结合。

1. 有刻苦学习的决心

首先，明确学习目的。先认真回答两个问题：学单片机做什么？需要多长时间把它学会？这是学习单片机的动力。没有动力，坚持不了多久。其次，端正学习心态。学习单片机的过程是枯燥乏味、孤独寂寞的过程。要知道，学习知识没有捷径，只有循序渐进，脚踏实地，一步一个脚印，才能学到真功夫。再次，要多动脑、勤动手。单片机是一门很注重实际动手操作的技术学科，具有很强的实践性。不动手实践是学不会单片机的。最后，虚心交流。在单片机的学习过程中，每个人都会遇到无数不能解决的问题，需要向有经验的人虚心求教，一味地埋头摸索只会走许多弯路，浪费很多时间。

2. 有一套完整的学习开发工具

学习单片机必须有一台电脑、一块单片机开发板(如果开发板不能直接下载程序代码，还需要一个编程器)、一套视频教程、一本单片机教材和一本 C 语言教材。电脑用来编写和编译程序，并将程序代码下载到单片机上；开发板用来运行单片机程序，验证实际效果；视频教程用于手把手教你单片机开发环境的使用、单片机编程和调试，对于单片机初学者来说，视频教程必须看，不然哪怕把教材看了几遍，也可能还是不知道如何下手，真正面对单片机可能还是束手无策；单片机教材和 C 语言教材是理论学习资料，备查。不要为了节约成本不用开发板而只用 Proteus 软件仿真调试，不然和纸上谈兵没什么区别。

3. 要注重理论和实践相结合

单片机 C 语言编程理论知识并不深奥，光看书不动手也能明白。但在实际编程的时候就没那么简单了。一个程序的形成不仅需要有 C 语言知识，更需要融入个人的编程思路和算法。编程思路和算法是否清晰决定一个程序的优劣，是单片机编程的大问题，只有在实际动手编写的时候才会有深刻的感悟。一个程序能否按照你的意愿正常运行，就要看你的编程思路和算法是否正确、合理。如果程序不正常，则要反复调试(检查、修改编程思路和算法)，直到成功。这个过程耗时、费脑、疲精神，意志不坚强者往往半途而废。

编写程序按照以下过程学习，效果会更好：看到例程题目先试着构思自己的编程思路，然后看教材或视频教程里的代码，研究例程的编程思路，注意与自己思路的差异；接下来就照搬例程的思路自己动手编写程序，领会其中每一条语句的作用；对有疑问的地方试着按照自己的思路修改程序，比较程序运行效果，领会其中的奥妙。每一个例程都坚持按照这个过程学习，这样你会很快找到编程的感觉，取其精华，去其糟粕，久而久之就会形成个人独特的编程思想。当然，刚开始看别人的程序源代码就像看天书一样，但只要硬着头皮看，看到不懂的关键字和语句就翻书查阅、对照，持之经恒，就会有收获。在实践过程中不仅要学会他人的例程，还要在他人的程序上改进和拓展，让程序产生更强大的功能。同时，还要懂得通过查阅芯片数据手册(DATASHEET)来验证别人例程的可靠性，如果觉得例程不可靠就把它修改过来，成为自己的程序。不仅如此，还应该经常找些项目来做，以巩固所学的知识和积累更多的经验。

单片机系统开发是一个系统性很强的技术，要求设计者掌握的知识较多，所以在学习的过程中要多分析、多理解、多记忆、多练习、多总结，掌握合理、有效的学习方法，才能真正实现灵活应用。

(1) 对于单片机指令系统、C 语言基础语法及一些硬件结构等基础知识不能死记硬背，要理解。可以按照练习使用—理解—记忆—练习使用—再理解记忆—最后熟练使用的方法步骤，循序渐进地掌握应用单片机的方法。

(2) 要注意学习别人成熟的设计思路，培养自己的设计思想。首先，熟悉单片机基础知识，掌握各知识点的内在联系及简单应用。其次，积极分析别人的设计思想，将其吸收转化为自己的。

(3) 一个完整的系统开发通常需要一个团队的配合，所以平时就要锻炼自己与他人互相合作。时刻注意培养自己的学习能力、沟通能力、与他人合作能力、自我发展能力、解决问题的能力。

(4) 多动手、勤思考、善总结。从简单例程的开始，一点一滴积累，举一反三，避免好高骛远。

1.2　单片机开发平台

工欲善其事，必先利其器。一套好的软、硬件开发工具可以为你节省很多时间和精力，提高系统开发效率。

1.2.1　单片机开发的相关硬件工具

1. 编程器

编程器(Programmer)主要用于单片机(含嵌入式)/存储器(含 BIOS)之类的芯片的编程(或称刷写)。

编程器在功能上可分为通用型编程器和专用型编程器。专用型编程器价格最低，适用芯片种类较少，仅满足某一种或者某一类专用芯片编程的需要，例如仅可对 51 系列单片机编程。全功能通用型编程器一般能够适用于几乎所有当前需要编程的芯片，适合需要对很多种芯片进行编程的情况，但由于设计麻烦，成本较高，售价较高，最终限制了销量。对一些常用的单片机，读者可以参照相应的参考资料自制编程器，例如可参考江苏国芯科技有限公司提供的 STC8 系列单片机数据手册中第 90～101 页中介绍的 ISP 下载及典型应用线路图，自制 STC 系列单片机的编程器。

2. 在线仿真器或 CPU 仿真器

在线仿真器或 CPU 仿真器(In Circuit Emulator, ICE)是微电脑系统开发方面效率最高的工具。一般它通过 RS-232 串行传输接口来与 PC 联机，通过 40 个引脚的连线，连至目标电路板的 CPU 插座上。由于它直接模拟真 CPU 动作，因此功能相当强，对于系统板上硬件的调试、软件的测试皆适用，是单片机系统设计者最佳的工作伙伴。然而因为功能强，它在市场上的价格也不菲。但是开发较大型的单片机应用系统时，仿真器是必不可少的。

STC8 系列单片机自身具备在线仿真功能，读者可以参考江苏国芯科技有限公司提供的 STC8 系列单片机数据手册中第 475～479 页的附录 B "STC 仿真器使用指南" 中介绍的方法将 STC8 系列单片机配置成仿真芯片，结合 Keil 开发平台对单片机系统进行在线仿真调试。

3. 实验板

"实践出真知"，要掌握好单片机应用设计，一定要多动手实践。现在网络资源非常丰富，初学者利用搜索引擎搜索 51 单片机，就能找到一大堆相关资料，其中也有很多介绍的是适合初学者使用的实验板及相关资料。本书推荐一款可自行制作的简单实验板——51MCU 开发板，51MCU 开发板的原理图和实物图请扫描右侧二维码查阅。读者也可以在这块实验板的基础上自行进行拓展设计。

51MCU 开发板的原理图和实物图

有关 51MCU 开发板的 PCB 原文件，读者可以从随书附赠的拓展资料(见附录 C)中获取，然后自行制作 PCB 板或联系厂商打样制作 PCB 板。请注意作者是利用 Altium Designer 18 软件绘制 PCB 的，所以，读者必须使用 Altium Designer18 或 Altium Designer 18 以上的版本才能打开文件。

4. 个人计算机(PC)

近来单片机程序开发都是在 PC 上完成的，用户可以很方便地利用免费的网络资源找到适用的开发软件及编译器，大大减少了开发成本。

5. 直流稳压电源

由于微处理器的系统常用的电源是 5 V，因此有必要准备一台 5 V 的专用电源设备，而且限流 5 A 即够用。市场上有 5 V 输出的开关电源，体积不大，价格不贵，使用方便。有时还要准备可以提供 +12 V、–12 V 和–5 V 的电源，以备一些模拟电路或接口电路的需要。

6. 数字万用表

但凡从事电子设计制作工作的人，一定需要一台数字万用表，其主要用于测量电压，判断电路的短路和断路。数字万用表均有短路声响警示的功能，只要测试端子测量到短路的情况就会发出嘀嘀声，此功能在线路检查时相当方便，在硬件的初步调试上帮助很大。

7. 基本的焊接工具

单片机开发过程中使用的基本的焊接工具包括电烙铁及焊锡、镊子、剥线钳、尖嘴钳、斜口钳、吸锡器等。

8. 数字示波器

数字示波器主要用来观测各种高低频模拟或数字信号波形。最突出的是其具有画面锁定功能，在观察一些瞬时现象时特别有用，对记录实验过程或信号调试也十分有利。开发中的微电脑控制板若是数字电路还可以用逻辑笔来调试，若是模拟电路的问题，必须借助数字示波器来调试。

上述硬件工具中，实验板、数字万用表、直流稳压电源、个人计算机、编程器、基本的焊接工具是必不可少的，数字示波器和仿真器于单片机开发设计有很大的帮助，如条件不允许可以暂缓。

1.2.2　单片机开发的相关软件

1. Proteus 仿真软件

Proteus 是英国 Labcenter 公司开发的 EDA 工具软件，它集合了原理图设计、电路分析与仿真、单片机代码级调试与仿真、系统测试与功能验证、PCB 设计完整的电子设计过程。Proteus ISIS 是智能原理图输入系统，利用该系统既可以进行智能原理图设计、绘制和编辑，又可以进行电路分析与实物仿真。有关 Proteus 的具体介绍读者可扫描右侧的二维码查看。

Proteus 简介

2. Keil C51 开发系统

Keil C51 是美国 Keil Software 公司出品的 51 系列兼容单片机 C 语言软件开发系统。与汇编语言相比，C 语言在功能、结构性、可读性、可维护性上有明显的优势，因而易学易用。用过汇编语言后再使用 C 语言来开发，体会会更加深刻。有关 Keil C51 的具体介绍读者可扫描右侧的二维码查看。

Keil C51 简介

1.3 常 见 错 误

读者可扫描右侧的二维码阅读与本项目相关的一些常见错误，以便更深入地学习。

常见错误

小　　　结

本项目简单介绍了单片机及单片机应用系统，单片机的发展历史、分类、特点及应用，常用的 8 位单片机，并以 STC8 系列单片机为例着重介绍了单片机的内部资源，单片机应用系统的开发流程及开发平台，同时介绍了学习单片机的方法。

习　　　题

1. 单片机的内部资源通常包括哪些？
2. 单片机的常用应用是什么？至少列举 5 种应用。
3. 单片机应用系统的开发流程是什么？
4. 单片机应用系统的开发平台包括哪些软、硬件工具？
5. 参考书中配套提供的案例代码及仿真材料，自己独立完成启明灯案例的仿真实现。

项目 2 多彩的世界——I/O 口输出应用

2.1 项 目 综 述

2.1.1 项目意义及背景

随着社会的发展，越来越多的城市跻身"不夜城"的行列，人们生活在由灯光组成的"绚丽多彩"的世界里，这些绚丽的灯光大多是由单片机控制的。本项目以 LED 发光二极管的点亮为例，利用单片机对 LED 的控制来认识"多彩"的单片机世界。单片机与 LED 之间是通过 I/O 口(输入/输出端口)联系在一起的，即 I/O 口是单片机与外围应用电路的接口，单片机可通过 I/O 口输出各种控制信号，以便控制输出设备的工作。

本项目将通过启明灯、一闪一闪亮晶晶、会呼吸的 LED 和五光十色的 LED 4 个案例使读者循序渐进地学习、掌握单片机应用系统开发方法、单片机 I/O 口的输出应用、C51 的数组及 PWM 原理等内容。

2.1.2 知识准备

1. I/O 口

STC8 系列单片机最多有 62 个 I/O 口，所有的 I/O 口均有 4 种工作模式：准双向口/弱上拉(标准 8051 输出口模式)、推挽输出/强上拉、高阻输入(电流既不能流入也不能流出)、开漏输出。

1) 端口寄存器

通过端口寄存器，STC 单片机可以读取端口状态，或者向端口写数据。对于 LQFP48 脚封装的 STC8 系列单片机而言，总共有 43 个 I/O 口，包含 P0～P5 组端口。其中 P0、P1、P2 和 P3 都是 8 位有效，即 Px.0～Px.7(x 表示端口号，x 为 0、1、2 或 3)；P4 组端口只有 5 位有效，即 P4.0～P4.4；P5 组端口只有 6 位有效，即 P5.0～P5.5。各端口寄存器的各位定义如表 2-1 所示，各端口寄存器的地址和复位值如表 2-2 所示。

表 2-1 Px 端口寄存器的各位定义

比特位	B7	B6	B5	B4	B3	B2	B1	B0
名字	Px.7	Px.6	Px.5	Px.4	Px.3	Px.2	Px.1	Px.0

Px(x 表示端口号，x 为 0、1、2、3、4 或 5，P4 和 P5 组端口多余位为无效处理)端口寄存器中的每一个比特位与 STC8 系列单片机外部 Px 组内的引脚一一对应，当给对应的比

特位写 0 时，输出低电平到端口缓冲区；当给对应的比特位写 1 时，输出高电平到端口缓冲区。

注意：在读取端口之前，需先驱动端口为 1，然后才能正确地读取端口的状态。

表 2-2　端口寄存器的地址和复位值

端口寄存器的名字	功能	SFR 地址(十六进制)	复位值(二进制)
P0	P0 端口寄存器	80H	1111 1111B
P1	P1 端口寄存器	90H	1111 1111B
P2	P2 端口寄存器	A0H	1111 1111B
P3	P3 端口寄存器	B0H	1111 1111B
P4	P4 端口寄存器	C0H	xxx1 1111B
P5	P5 端口寄存器	C8H	xx11 1111B

2) 端口模式控制寄存器

I/O 口的结构图如图 2-1～图 2-4 所示。可使用软件的方式配置端口模式控制寄存器实现对 I/O 口的工作模式的配置，具体配置如表 2-3 所示。I/O 口不够时，也可用 2～3 根普通 I/O 口线外接 74HC164/165/595(均可级联)来扩展 I/O 口，还可用 A/D 作按键扫描来节省 I/O 口。

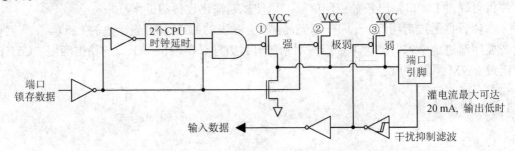

图 2-1　准双向口模式

准双向输出类型可以用作输出和输入功能，而不需要重新配置 I/O 口输出状态。当端口锁存数据置为逻辑高时，驱动能力很弱，允许外设将其拉低；而当引脚的输出为低时，驱动能力很强，可吸收很大的电流。

特别注意：在对准双向口读取外部设备状态前，要先将相应端口的位置为 1，才可以读到外部正确的状态。

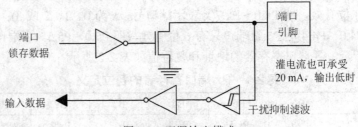

图 2-2　开漏输出模式

开漏输出模式下，单片机既可读取引脚的外部状态，也可控制外部引脚输出高电平或低电平。如果要正确读取外部状态或者对外部输出高电平时，需要外加上拉电阻。

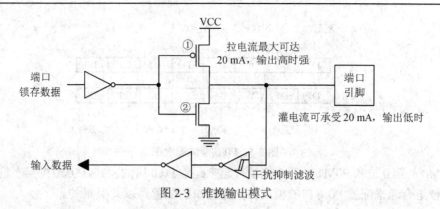

图 2-3　推挽输出模式

　　强推挽输出配置的下拉结构与开漏输出和准双向口的下拉结构相同。但当端口锁存数据为 1 时，经反相器后，晶体管①导通，而晶体管②截止，因此提供持续的强上拉。推挽输出模式一般用于需要更大驱动电流的情况。

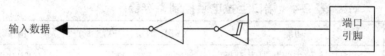

图 2-4　高阻输入模式

　　如图 2-4 所示，输入口带有一个施密特触发器输入和一个干扰抑制电路。

表 2-3　配置端口的工作模式

PnM1.x	PnM0.x	Pn.x 口工作模式
0	0	准双向口(传统 8051 端口模式，弱上拉) 灌电流可达 20 mA，拉电流为 270～150 µA(存在制造误差)
0	1	推挽输出(强上拉输出，可达 20 mA，要加限流电阻)
1	0	高阻输入(电流既不能流入也不能流出)
1	1	开漏输出(open-drain)，内部上拉电阻断开。 开漏模式既可读外部状态也可对外输出(高电平或低电平)。如要正确读外部状态或对外输出高电平时，需外加上拉电阻，否则读不到外部状态，也无法对外输出高电平
注：n = 0～5，x = 0～7		

　　注意：虽然每个 I/O 口在弱上拉(准双向口)/强推挽输出/开漏模式时都能承受 20 mA 的灌电流(还是要加限流电阻，如 1 kΩ、560 Ω、472 Ω 等)，在强推挽输出时能输出 20 mA 的拉电流(也要加限流电阻)，但整个芯片的工作电流推荐不要超过 90 mA，即从 VCC 引脚流入的电流建议不要超过 90 mA，从 GND 引脚流出的电流建议不要超过 90 mA，整体流入/流出的电流建议都不要超过 90 mA。

　　以 P0 口为例，配置 P0 口需要使用 P0M0 和 P0M1 两个寄存器进行配置，如图 2-5所示。

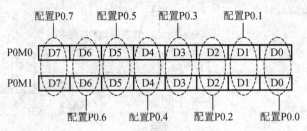

图 2-5　P0 口模式配置图

　　P0M0 的第 0 位和 P0M1 的第 0 位组合起来配置 P0.0 口的模式,P0M0 的第 1 位和 P0M1 的第 1 位组合起来配置 P0.1 口的模式,其他端口的配置是以此类推的。

　　3) 端口上拉电阻控制寄存器

　　在 STC8 系列单片机内,每个端口都集成了用户可选择使用的上拉电阻。设计者无须在每个端口上额外使用上拉电阻,从而降低了整个硬件电路的设计成本。通过设置 XSFR 内的相应寄存器可使能/禁止使用上拉电阻,端口上拉电阻控制寄存器如表 2-4 所示。

表 2-4　端口上拉电阻控制寄存器

端口寄存器的名字	功能	XSFR 地址(十六进制)	复位值(二进制)
P0PU	P0 端口上拉电阻控制寄存器	FE10H	0000 0000B
P1PU	P1 端口上拉电阻控制寄存器	FE11H	0000 0000B
P2PU	P2 端口上拉电阻控制寄存器	FE12H	0000 0000B
P3PU	P3 端口上拉电阻控制寄存器	FE13H	0000 0000B
P4PU	P4 端口上拉电阻控制寄存器	FE14H	xxx0 0000B
P5PU	P5 端口上拉电阻控制寄存器	FE15H	xx00 0000B

　　当给每个端口上拉电阻控制寄存器相应的位写 0 时,禁止使用端口内部的 3.7 kΩ(实测为 4.2 kΩ 左右)上拉电阻;当给每个端口上拉电阻控制寄存器相应的位写 1 时,使能端口内部的 3.7 kΩ 上拉电阻(实测为 4.2 kΩ 左右)。

　　4) 端口施密特触发控制寄存器

　　在 STC8 系列单片机内,为每个端口提供了可选择使用的施密特触发控制寄存器,如表 2-5 所示。当端口使用施密特触发控制寄存器时,可以进一步提高端口的抗干扰能力。

表 2-5　端口施密特触发控制寄存器

端口寄存器的名字	功能	XSFR 地址(十六进制)	复位值(二进制)
P0NCS	P0 端口施密特触发控制寄存器	FE18H	0000 0000B
P1NCS	P1 端口施密特触发控制寄存器	FE19H	0000 0000B
P2 NCS	P2 端口施密特触发控制寄存器	FE1AH	0000 0000B
P3 NCS	P3 端口施密特触发控制寄存器	FE1BH	0000 0000B
P4 NCS	P4 端口施密特触发控制寄存器	FE1CH	xxx0 0000B
P5 NCS	P5 端口施密特触发控制寄存器	FE1DH	xx00 0000B

当给每个端口施密特触发控制寄存器相应的位写 0 时，使能端口的施密特触发功能(上电复位后默认使能施密特触发功能)；当给每个端口施密特触发控制寄存器相应的位写 1 时，禁止端口的施密特触发功能。

当 STC8 系列单片机使用 +5 V 供电电压时，使能和禁止施密特触发功能的允许输入高电平和低电平，如表 2-6 所示。

表 2-6 供电电压为+5 V 时，使能和禁止施密特触发功能的允许输入电平特性

供电电压为+5.0 V	最小值	最大值	条件
普通 I/O 输入高电平	2.2 V	—	打开施密特触发
普通 I/O 输入低电平	—	1.4 V	
普通 I/O 输入高电平	1.6 V	—	关闭施密特触发
普通 I/O 输入低电平	—	1.5 V	
复位脚输入高电平	2.2 V	—	
复位脚输入低电平	—	1.8 V	

当 STC8 系列单片机使用+3.3 V 供电电压时，使能和禁止施密特触发功能的允许输入高电平和低电平，如表 2-7 所示。

表 2-7 供电电压为+3.3 V 时，使能和禁止施密特触发功能的允许输入电平特性

供电电压为+3.3 V	最小值	最大值	条件
普通 I/O 输入高电平	1.6 V	—	打开施密特触发
普通 I/O 输入低电平	—	1.0 V	
普通 I/O 输入高电平	1.2 V	—	关闭施密特触发
普通 I/O 输入低电平	—	1.1 V	
复位脚输入高电平	1.7 V	—	
复位脚输入低电平	—	1.3 V	

2. LED 接口设计

每个发光二极管的工作电流最好控制在 5 mA 左右(当然，实际项目中需根据 LED 的参数进行具体设计)，典型的控制接口电路如图 2-6 所示。

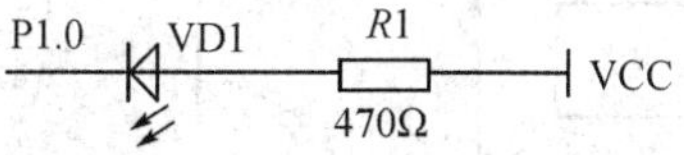

图 2-6 发光二极管控制接口电路

注意：发光二极管的限流电阻的选取，需根据公式 $R1 = (E-U_f)/I_f$ 进行估算，其中 I_f 取 5 mA；E 为 5 V；U_f 为发光二极管的导通压降，不同颜色及材质的发光二极管的导通压降是不一样的，红色发光二极管的导通压降一般为 1.8 V 左右，绿色发光二极管的导通压降一般为 2～2.2 V，蓝色和白色发光二极管的导通压降一般为 3.6～4 V。

2.2　案例 1——启明灯

2.2.1　任务分析

启明灯案例的具体设计要求是利用 P1.0 端口控制 LED 点亮。

启明灯仿真电路图如图 2-7 所示，它包含单片机最小系统和 LED 接口电路，当系统工作时，LED 灯会点亮。读者可扫描右侧的二维码来观看本案例的演示效果。

启明灯效果演示

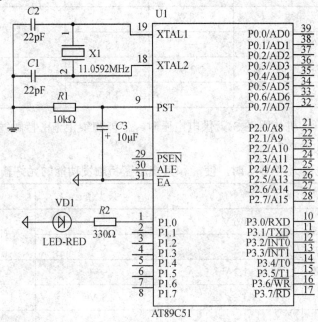

图 2-7　启明灯仿真电路图

案例实现的步骤分为硬件电路图绘制、硬件电路图参数计算、流程图设计、程序设计和系统调试。案例的系统设计方案如图 2-8 所示，系统的核心控制器是单片机，单片机工作需要电源电路、时钟电路和复位电路。本案例是控制 LED，所以系统还需要有 LED 组成的显示电路。

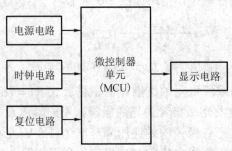

图 2-8　启明灯系统设计方案

注意：如果实物使用 STC8 系列单片机作为控制器，可以省略外接的时钟电路和复位电路。

显示电路实际就是 LED 接口电路，如图 2-9 所示。考虑 LED 的单向导通性，LED 的阳极需要接高电平，可以直接连接电源，LED 的阴极连接单片机的 I/O 口 P1.0。由于 LED 的工作电流一般为 5~20 mA，因此在 LED 接口电路中需要串接一个限流电阻，电阻值的计算在本项目 2.1.2 节"知识准备"中的"LED 接口设计"中已经介绍过，经过计算后可选择电阻值为 330 Ω。

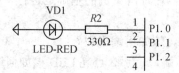

图 2-9 LED 接口电路

确定 LED 的接口电路后，就可以很轻松地判断出，如果要点亮 LED，就需要从单片机 I/O 口中的 P1.0 端口输出低电平。

2.2.2 案例分析

本案例的仿真电路设计如图 2-7 所示，包含时钟电路、复位电路和 LED 接口电路。时钟电路为整个系统的工作提供了基准时序，它就像日常生活中的北京时间，我国大部分地区都要参考北京时间来安排日常生活，这样就很容易做到同步，例如统一在约定的时间开会。复位电路可以让整个系统从初始状态开始工作，就像人们经过一夜好梦后清晨能够以最佳精神状态迎接新的一天。复位电路可以让系统在每次通电的瞬间恢复到初始最佳状态。LED 接口电路采用单片机 I/O 口 P1.0 通过一个限流电阻连接 LED 的阴极、LED 的阳极连接电源的方案。其实也可以采用 P1.0 通过限流电阻连接 LED 的阳极、LED 的阴极接地的方案。

单片机的 I/O 口在复位后默认为准双向口/弱上拉(普通 8051 传统 I/O 口)。由于本案例只需控制一个 LED，此模式完全可以适用，故无须修改 I/O 口的配置模式。因此本案例的软件设计思路可以用图 2-10 所示的流程图梳理如下：系统开始工作后，首先将 LED 初始化点亮，然后进入主循环判断，若循环条件成立，则继续循环，否则结束循环，系统停止工作。

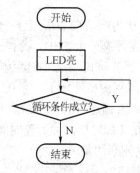

图 2-10 启明灯设计流程图

2.2.3　操作手册

读者可扫描右侧的二维码阅读本案例的操作手册,根据操作手册的指导完成本案例的演练。

启明灯操作手册

2.2.4　举一反三

通过案例的学习,读者可以在理解案例的基础上进行一些拓展训练,思考以下几个问题该如何解决:

(1) 若需要控制 LED 熄灭,该如何编程呢?

(2) 若将 LED 连接至 P1.1 端口,那么点亮 LED 该如何编程呢?

(3) 若将 LED 的阳极接至 P1.0 端口,阴极接地,那么点亮 LED 该如何编程呢?

2.3　案例 2——一闪一闪亮晶晶

2.3.1　任务分析

一闪一闪亮晶晶案例的具体设计要求是利用 P1.0 端口控制 LED 闪烁,闪烁频率为 1 Hz。延时采用软件延时的方式,延时时间 0.5 s。

本案例的仿真电路图和启明灯案例是一致的。读者可扫描右侧的二维码来观看本案例的演示效果。

一闪一闪亮晶晶效果演示

根据图 2-7 所示的电路图,可以很轻松地判断出,若要点亮 LED,则需要从单片机 I/O 口的 P1.0 端口输出低电平;若要熄灭 LED,则需要从单片机 I/O 口的 P1.0 端口输出高电平。

2.3.2　案例分析

本案例的仿真电路设计包含时钟电路、复位电路和 LED 接口电路。各组成部分的工作原理在启明灯案例中已详细阐述,这里就不重复说明了。

单片机的 I/O 口在复位后默认为准双向口/弱上拉(普通 8051 传统 I/O 口)。由于本案例只需控制一个 LED,此模式完全可以适用,故无须修改 I/O 口的配置模式。因此本案例的软件设计思路可以用图 2-11 所示的流程图梳理如下:系统开始工作后,首先进入主循环的判断,若循环条件不成立,则结束循环,系统停止工作;否则点亮 LED 灯,然后延时 0.5 s 熄灭 LED 灯,再延时 0.5 s 回到主循环的判断。

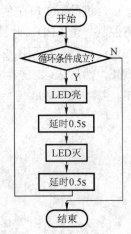

图 2-11　一闪一闪亮晶晶
设计流程图

2.3.3 操作手册

读者可扫描右侧的二维码阅读本案例的操作手册,根据操作手册的指导完成本案例的演练。

一闪一闪亮晶晶操作手册

2.3.4 举一反三

通过案例的学习,读者可以在理解案例的基础上进行一些拓展训练,思考以下几个问题该如何解决:

(1) 若延时时间变为 0.2 s,该如何编程呢?

(2) 若 LED 闪烁利用"～"运算符来实现,该如何编程呢?

(3) 若只需要 LED 闪烁 5 次,之后 LED 灯熄灭,又该如何编程呢?

2.4 案例 3——会呼吸的 LED

2.4.1 任务分析

会呼吸的 LED(简称呼吸灯)案例的具体设计要求是利用 P1.0 端口控制 LED 亮度渐变,即 LED 缓慢地由暗到亮,再由亮到暗的周期变化,请采用软件延时的方式实现。

本案例的仿真电路图如图 2-12 所示,为了方便观测单片机 I/O 口输出信号的特征,可在图 2-12 所示的仿真电路中,VD1 和 R2 之间连接虚拟示波器的 A 通道(也可以选择其他通道),这样在 Proteus 中进行系统的仿真运行时,可直接观测单片机 I/O 口输出信号的波形。读者可扫描右侧的二维码来观看本案例的演示效果。

会呼吸的 LED 效果演示

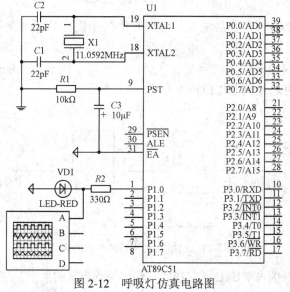

图 2-12 呼吸灯仿真电路图

2.4.2 案例分析

　　本案例的仿真电路中各组成部分的工作原理在启明灯案例中已详细阐述，这里就不再重复说明。呼吸灯的具体效果是通过肉眼可观察到 LED 灯工作时亮度会发生变化，其变化规律为 LED 由熄灭状态逐渐变亮，直至最亮，再逐渐变暗，直至熄灭，然后不断重复上述过程。而 LED 的亮度变化可通过控制 LED 所在支路的电流变化来实现，即可以通过改变 $R2$ 电阻值或改变 LED 所在支路两端压降来实现。此处，从可行性角度考虑，一般采用后一种方式。

　　由于电源电压不变，那么要改变 LED 所在支路两端压降，就只能改变 P1.0 端口输出电压，即改变 P1.0 端口输出的平均电压。而要使 P1.0 端口输出的平均电压可变一般采用脉冲宽度调制(PWM)的方法。

　　用调制信号电平改变脉冲的宽度，使已调脉冲的宽度随调制信号电平的变化而变化，这种调制称为脉冲宽度调制。PWM 波的生成原理如图 2-13 所示。

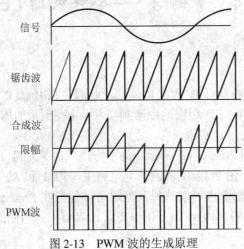

图 2-13　PWM 波的生成原理

　　在 PWM 驱动控制的调整系统中，可以利用一个固定的频率来接通和断开电源，并根据需要改变一个周期内"接通"和"断开"时间的长短，从而实现脉冲宽度的调节，如图 2-14 所示。若利用此脉冲信号驱动电机，则可用于调节电机的速度；若利用此脉冲信号驱动 LED，则可用于调节 LED 的亮度。

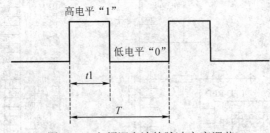

图 2-14　定频调宽法的脉冲宽度调节

　　$t1/T$ 为 PWM 脉冲的占空比(D)，它决定了输出平均电压的大小。占空比的计算公式如下：

$$D = \frac{t1}{T} = \frac{\overline{U}}{U_P}$$

严格地讲，改变占空比 D 值的方法有以下 3 种。

(1) 定宽调频法：保持高电平时间 t1 不变，只改变低电平时间 t2，这样会使周期 T(或频率)也随之改变。

(2) 调宽调频法：保持低电平时间 t2 不变，只改变高电平时间 t1，这样也会使周期 T(或频率)随之改变。

(3) 定频调宽法：保持周期 T(或频率)不变，同时改变高电平时间 t1 和低电平时间 t2。

前两种方法由于在调节时改变了控制脉冲的周期(或频率)，故当控制脉冲的频率与系统的固有频率接近时，就会引起振荡，因此常采用定频调宽法来改变占空比。

假设呼吸灯由暗到亮，再由亮到暗的过程为一个周期，时间为 1 s，则呼吸灯由暗到亮的过程为半个周期，时间为 0.5 s。若考虑 LED 由暗到亮的全过程对应 P1.0 端口输出信号的占空比为 0～100%，LED 每次亮度改变的步进为 1%，则 LED 每次步进 1% 时所对应的时间为 5 ms。每个百分比等分 100 份，基本延时函数设置为 50 μs。由此，可以利用图 2-15 所示流程图来梳理整个呼吸灯的控制流程。

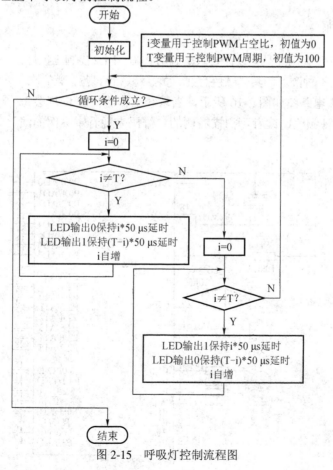

图 2-15 呼吸灯控制流程图

2.4.3　操作手册

读者可扫描右侧的二维码阅读本案例的操作手册，根据操作手册的指导完成本案例的演练。

2.4.4　举一反三

会呼吸的 LED 操作手册

通过案例的学习，读者可以在理解案例的基础上进行一些拓展训练，思考以下几个问题该如何解决：

(1) 你能不能修改代码，用不一样的程序实现本案例的要求呢？

(2) 若 P1.1 端口也接一个 LED，亮度渐变与 P1.0 的 LED 相反，即 P1.0 的 LED 变亮时，P1.1 的 LED 变暗，该如何编程呢？

(3) 若想加快 LED 亮度渐变的速度，该如何修改代码呢？

2.5　案例 4——五光十色的 LED

2.5.1　任务分析

五光十色的 LED 案例的具体设计要求是利用 P1.0～P1.2 控制三色灯，每延时 0.5 s，切换一种颜色，具体颜色有红、黄、绿、青、蓝、紫、白。

本案例的仿真电路图如图 2-16 所示，当系统工作时，LED 灯会每间隔 0.5 s 切换一种颜色，读者可扫描右侧的二维码来观看本案例的演示效果。

五光十色的 LED 效果演示

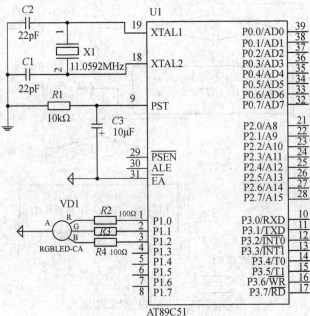

图 2-16　五光十色的 LED 仿真电路图

本案例的系统设计方案如图 2-8 所示，系统由单片机、电源电路、时钟电路、复位电路和 RGB 三色 LED 组成的显示电路构成，此处采用的是共阳型 RGB 三色 LED 灯，相当于将 3 个 3 种颜色的独立 LED 的阳极相连，3 个 3 种颜色的独立 LED 的阴极分别与单片机 I/O 口的 P1.0～P1.2 端口相连，故其接口电路设计方法和启明灯案例的设计方法是一样的。

红、蓝、绿是三基色，其他颜色如黄、青、紫、白等都可以通过红、蓝、绿三种颜色按照不同比例调出来，图 2-17 所示为三基色的配色图。根据三基色的配色图和仿真电路图中的电路设计，可以很容易地确定出表 2-8 所示的七彩色对应代码。

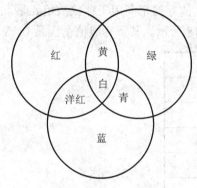

图 2-17　三基色配色图

表 2-8　七彩色对应代码

颜色	P1.2(B)	P1.1(G)	P1.0(R)	P1
红	1	1	0	0X06
黄	1	0	0	0X04
绿	1	0	1	0X05
青	0	0	1	0X01
蓝	0	1	1	0X03
紫	0	1	0	0X02
白	0	0	0	0X00

2.5.2　案例分析

本案例的仿真电路设计如图 2-16 所示，包含时钟电路、复位电路和 RGB 三色 LED 接口电路。

从表 2-8 中可以发现，若想 RGB 三色 LED 按照表中各颜色依次顺序点亮，相邻两次单片机 P1 端口输出的代码之间很难找到规律，由此可以考虑能不能人为设置一条规律，使得可以从 P1 端口顺序输出我们想要的数据呢？对，可以使用数组。

数组是相同类型数据的有序集合。数组描述的是相同类型的若干个数据，按照一定的先后次序排列组合而成。其中，每一个数据称作一个数组元素，每个数组元素可以通过一个下标来访问它们。例如，RGB 三色 LED 7 种颜色显示时所对应的字形码均不同，7 个数据都是字符型类型，并且按照红、黄、绿、青、蓝、紫、白的顺序排列组合成一个数组。为了区分不同的数组，每个数组用一个名字来表示，称为数组名。RGB 三色 LED 的七彩颜色显示值可表示为 a[0]，a[1]，…，a[6]，用它们分别来存放红色的字形码、黄色的字形码……白色的字形码。数组有两个特点：

(1) 其长度是确定的，在定义的同时确定了其大小，在程序中不允许随机变动。

(2) 其元素必须是相同类型的，不允许出现混合类型。

1. 一维数组的定义、存储和引用

一维数组的定义格式：

　　[<存储类型>]　<类型说明符>　<数组名>[<常量表达式>]

<存储类型>：可以为 auto，static，extern 等，在定义数组时可省略。

<类型说明符>：说明了数组元素所属的数据类型，可以为 int，float，char 等。

<数组名>：其命名规则和变量名相同，同样遵循标识符命名规则。

<常量表达式>：表示数组元素的个数，即数组长度，它必须是一个大于零的整型值。

例如：

```
int  num[40];             //定义元素个数为 40 的整型数组
float  score[40],average[40]; //同时定义了两个数组，均为实型
char  ch[20];             //定义元素个数为 20 的字符型数组
```

在定义一个数组后，系统会在内存中分配一片连续的存储空间用于存放数组元素，如定义语句"int a[10];"，它在内存中的存放形式如图 2-18 所示，其下标取值范围是 0～9。

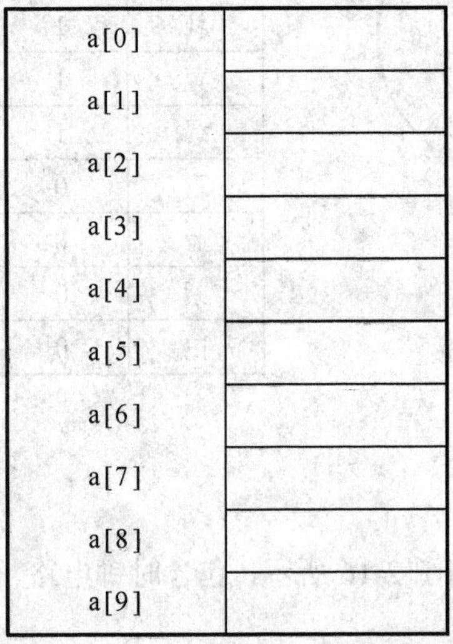

图 2-18　数组元素存储形式

C 语言规定只能逐个引用数组元素而不能一次引用整个数组。数组元素的引用形式：

数组名[下标表达式]

其中，"下标表达式"可以是整型常量、整型变量或整型表达式，其值均为非负数。需要说明的是，在 C 语言中数组元素的下标总是从 0 开始，因此下标为 i 时表示的是数组第 i+1 个元素。例如，在定义语句"int a[10];"中，a[5]表示数组中第 6 个数组元素，a[2*4] 表示数组中第 9 个数组元素，即 a[i]($0 \leqslant i < 10$)表示数组中第 i+1 个数组元素。

2. 一维数组的初始化

在定义数组元素时，系统为其分配了一定的存储空间，所有存储空间的赋初值可以在程序运行之前，即在编译阶段进行，也可在运行期间用赋值语句或输入语句使数组中元素得到初值。

1) 在编译阶段赋初值

(1) 对全部数组元素赋初值。例如：

static int a[6]={1,2,3,4,5,6};

其中，数组元素的个数和大括号中初值的个数是相同的，并且大括号中的初值从左到

右依次赋给每个数组元素，即 a[0]=1，a[1]=2，a[2]=3，a[3]=4，a[4]=5，a[5]=6。

(2) 只给一部分元素赋初值。例如：

　　static int a[10]={0,1,2,3,4};

此语句定义数组 a 有 10 个元素，但大括号中只提供了 5 个初值，表示只给前 5 个数组元素 a[0]～a[4]赋初值，后面 5 个元素 a[5]～a[9] 系统自动赋 0。

(3) 给数组全部元素赋初值时，可以省略数组长度。例如：

　　int a[ ]={10,20,30,40,50};

省略数组长度时，系统将根据赋初值的个数确定数组长度。上述大括号内共有 5 个初值，说明数组 a 的元素个数为 5，即数组长度为 5。

2) 在运行阶段赋初值

举例如下：

　　int a[10];

　　int i;

　　for(i=0;i<10;i++)

　　　　a[i] = i;

3. 字符数组的定义和基本操作

1) 字符数组的定义形式和初始化

字符数组是数组元素类型为字符的数组，字符数组中的每一个元素均为字符。它的定义形式如下：

　　char　　<数组名>[<常量表达式>]

例如：

　　char c[10];

该语句说明数组 c 是一个含有 10 个字符型数据的字符数组。它和一般数组的初始化一样，可以在定义时赋初值。

字符数组的长度可用初值来确定，如：

　　char str[ ]={'a', 'b', 'c', 'd'};

编译程序时，可以计算出字符数组 str 的长度为 4。

注意：如果大括号中提供的初值个数(即字符个数)大于数组长度，则作语法错误处理。如果初值个数小于数组长度，则只将这些字符赋给数组中前面那些元素，其余元素自动定为空字符(即 '\0')。如：

　　char c[5]={ 'a', 'b', 'c', 'd' };

则 c[4]自动赋为'\0'。

2) 字符数组的基本操作

(1) 字符串和字符结束符。

字符串是一组字符数据，在 C 语言中没有提供字符串数据类型，因而需要通过字符数组来处理字符串。经常有一种情况，如当定义一个字符数组大小为 40 时，而实际存入的有效字符只有 20 个。为了测定字符串的实际长度，C 语言规定了一个"字符串结束标志"，以字符 '\0' 代表。

有了结束标志 '\0'，字符数组的长度就显得不那么重要了。在程序中往往依靠检测'\0'来确定字符串是否结束，而不是根据数组长度确定字符串是否结束。'\0'代表 ASCII 码为 0 的字符，它不是一个可以显示的字符，而是一个"空操作符"，即表示它什么也不干。用它来做字符串结束标志不会产生附加的操作或增加无效字符，只起一个可供辨别的标志。

字符串的说明形式与字符数组是一样的，考虑字符串有一个字符串结束符，因此为了存放一个有 N 个字符的字符串，字符数组的元素个数至少应说明为 N+1。

(2) 字符串的初始化形式。

① 在赋初值时直接赋字符串常量。例如：

　　　char str[10]={"string"};

习惯上省略大括号，简写成

　　　char str[10]= "string!";

在这里，由于"string"是字符串常量，系统自动在最后加入'\0'，所以不必人为加入。

还可以用以下形式进行定义：

系统将按字符串中实际的字符个数来定义数组的大小。

② 在执行过程中给一维字符数组赋值。例如：

　　char s[20],top[] = "happy! ";　　//定义了两个字符数组，其中 top 数组赋了初值

　　int i = 0;　　　　　　　　　　　//定义整型变量 i

　　for(;top[i] != '\0' ;i++), s[i] = top[i];　　//将 top 数组的内容传给 s 数组

结合上述基础及五光十色的 LED 案例的设计要求，可以梳理出图 2-19 所示的流程图，即系统开始工作后，首先完成初始化(变量定义、包含七彩色状态值的数组定义等)，判断主循环条件是否为真，若为真，则引用数组元素值送至 P1 端口，数组下标自增后，判断此时的下标是否有越界情况，若没有越界，则延时 0.5 s；若越界了，则先将数组下标清零，再延时 0.5 s，然后继续判断循环条件是否为真，若为真，则继续循环，否则程序结束。

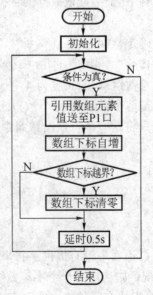

图 2-19　五光十色的 LED 流程图

2.5.3 操作手册

读者可扫描右侧的二维码阅读本案例的操作手册，根据操作手册
的指导完成本案例的演练。

五光十色的 LED 操作手册

2.5.4 举一反三

通过案例的学习，读者可以在理解案例的基础上进行一些拓展训练，思考以下几个问
题该如何解决：

(1) 你能不能用不同的代码来实现本案例的要求？

(2) 若在切换 RGB 三色 LED 的颜色时需要先熄灭 RGB 三色 LED 再切换颜色，即闪
烁着切换，该如何编程呢？

(3) 若每切换一个颜色，RGB 三色 LED 都是采用呼吸灯的模式，该如何编程呢？

2.6 常见错误

读者可扫描右侧的二维码阅读本项目所列设计中可能会出现的常见错
误，以便更深入地学习。

常见错误

小 结

本项目介绍了单片机最小系统、单片机 I/O 口模式、LED 接口电路设计、PWM 原理、
虚拟示波器和 C51 一维数组。

习 题

利用单片机控制 LED 循环发出莫尔斯电码求救，实现一个"SOS"呼救系统，即用光
线的方法发出"三短、三长、三短"的"SOS"求救信号。每发送一组"SOS"信号，停
顿片刻再发下一组。

提示：三短即 LED 快闪 3 次，时间控制在 1 s 内；三长即 LED 慢闪 3 次，时间控制在
2 s 内；每一组"SOS"信号发送结束后停顿 1 s。

项目 3 魔术师之手——I/O 口输入应用

3.1 项目综述

3.1.1 项目意义及背景

日常生活中以单片机为控制器的电子产品越来越丰富，人们往往需要和这些电子产品进行交互，那么有效的输入就成为必需的了。用户设备须输入单片机的各种控制信号，如限位开关、操作按钮、选择开关、行程开关以及其他一些传感器输出的开关量等，通过输入电路转换成单片机能够接收和处理的信号。一般输入信号最终会以开关量的形式输入单片机中，而键盘是由若干按钮组成的集合，它是单片机系统中最常用的输入设备。你有没有觉得单片机在处理这些输入信号时就像变魔术一样？不论什么信号，谁送来的，它都可以处理。

本项目以开关控制 LED 点亮为例，利用单片机通过开关对 LED 的控制来了解单片机最简单的输入控制。具体而言，通过开关控制 LED 点亮、按键控制 LED 点亮、按键控制 LED 闪烁、按键控制跑马灯、双模式霓虹灯和多模式霓虹灯 6 个案例使读者循序渐进地学习、掌握单片机 I/O 口的输入电路的应用、输入电路的抗干扰等内容。

3.1.2 知识准备

1. 基本输入电路接口设计

1) 硬件设计

单片机应用系统设计中通常采用的输入设备是键盘，键盘分为编码键盘和非编码键盘。键盘上闭合键的识别由专用的硬件编码器实现，并产生键编码号或键值的称为编码键盘，如计算机键盘；而靠软件编程来识别的称为非编码键盘。在单片机组成的各种系统中，用得最多的是非编码键盘，也有用到编码键盘的。非编码键盘又分为独立按键和行列式(又称为矩阵式)按键。

所谓独立按键，就是每个按键单独占用一个I/O口，I/O口的高、低电平状态反映了所接按键的状态。它属于机械式按键开关，通常要进行消除抖动的处理。独立按键的接口电路图如图 3-1 所示，当按键S断开时，P1.5 端口输入为高电平；S闭合时，P1.5 端口输入为低电平。由于按键是机械触点，因此机械触点断开、闭合时会有抖动，P1.5 端口输入的波形如图 3-2 所示。由于单片机的处理时间是微秒级，按键的机械抖动时间至少是毫秒级，为了使单片机能正确地读出按键(P1.5 端口)的状态，对每一次按键动作只作一次响应，则必须考虑消除抖动。常用消除抖动的方法有硬件法和软件法两种。

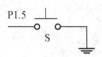

图 3-1   独立按键的接口电路图   图 3-2   按键输入时产生的抖动波形

硬件消抖法在按键数目较少时使用，常用按键消抖电路有 RS 触发器和并联电容。

图 3-3 中左侧电路是两个"与非门"构成一个 RS 触发器。当按键未按下时，输出为 1；当按键按下时，输出为 0。此时即使由于按键的机械性能，使按键因弹性抖动而产生瞬时断开(抖动跳开)，只要按键不返回原始状态，双稳态电路的状态就不改变，输出保持为 0，也就不会产生抖动的波形。也就是说，即使电压波形是抖动的，但经双稳态电路之后，其输出也为正规的矩形波，这一点通过分析 RS 触发器的工作过程很容易得到验证。

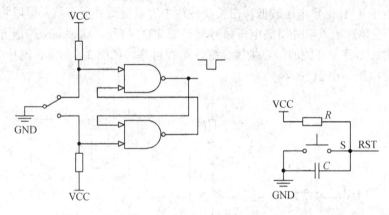

图 3-3   常用按键消抖电路

图 3-3 中右侧电路是在输入端与地之间并联一只电容来吸收干扰脉冲，或串联一只金属薄膜电阻来限制流入端口的峰值电流，这是提高单片机输入端可靠性最简单的方案。

2) 软件设计

如果按键较多，单片机系统设计中常用软件法来处理按键的抖动问题，即利用延时来避开按键抖动。软件法其实很简单，根据图 3-1，就是在单片机获得 P1.5 端口为低电平的信息后，不是立即认定按键 S 已被按下，而是延时 10 ms 或更长一些时间后再次检测 P1.5 端口，如果仍为低电平，说明按键 S 的确被按下了，这实际上是避开了按钮按下时的抖动时间。在检测到按钮释放后(P1.5 端口为高电平)，再延时 5~10 ms，消除后延的抖动，然后对键值予以处理。不过一般情况下，我们不对按钮释放的后延进行处理，实践证明，这也能满足一定的要求。当然，实际应用中对按钮的要求也是千差万别，要根据不一样的需要来编制处理程序，以上只是消除按键抖动的原则。

2. 工程上常见输入电路的设计

一般的输入信号最终会以开关形式输入单片机中，以工程经验来看，开关输入的控制指令有效状态采用低电平比采用高电平效果要好得多，如图 3-4 所示，当按下开关 S1 时，发出的指令信号为低电平，而平时不按开关 S1 时，输出到单片机的电平则为高电平。该方式具有较强的耐噪声能力。

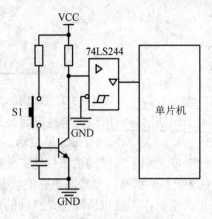

图 3-4　开关信号输入

若考虑由于 TTL 电平电压较低，在长线传输中容易受到外界干扰，可以将输入信号提高到 +24 V，在单片机入口处将高电压信号转换成 TTL 信号，这种高压传送方式不仅提高了耐噪声能力，而且使开关的触点接触良好、运行可靠，如图 3-5 所示，其中 VD1 为保护二极管，反向电压不小于 50 V。

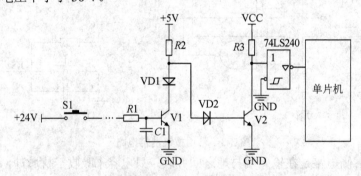

图 3-5　提高输入信号电平

为了防止外界尖峰干扰和静电影响损坏输入引脚，可以在输入端增加防脉冲的二极管，形成电阻双向保护电路，如图 3-6 所示，二极管 VD1、VD2、VD3 的正向导通压降 $U_f \approx 0.7$ V，反向击穿电源 $U_{BR} \approx 30$ V，无论输入端出现何种极性的破坏电压，保护电路都能把该电压的幅度限制在输入端所能承受的范围之内。

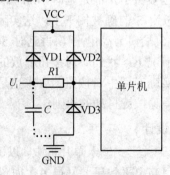

图 3-6　输入端保护电路

此外，一种常见的输入方式是采用光耦隔离电路，如图 3-7 所示，R 为输入限流电阻，使光耦中的发光二极管电流限制在 10～20 mA，输入端靠光信号耦合，在电气上做到了完全隔离，同时，发光二极管的正向阻抗值较低，而外界干扰的内阻一般较高，根据分压原理，干扰源能馈送到输入端的干扰噪声很小，不会产生地线干扰或其他串扰，增强了电路的抗干扰能力。

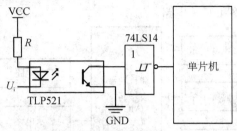

图 3-7　输入端光耦隔离电路

3.2　案例 1——开关控制 LED 点亮

3.2.1　任务分析

开关控制 LED 点亮案例的具体设计要求是利用 P1.0 端口的开关控制将接在 P1.1 端口的 LED 点亮。

本案例的仿真电路图如图 3-8 所示，P1.0 端口接一个开关，P1.1 端口接一个 LED。当系统工作时，单片机检测到开关闭合时 LED 点亮，开关断开时 LED 熄灭。读者可扫描右侧的二维码来观看本案例的演示效果。

开关控制 LED 点亮效果演示

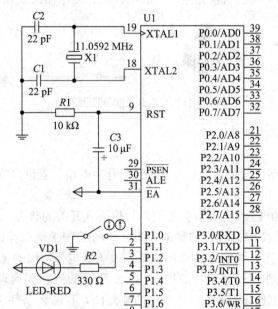

图 3-8　开关控制 LED 点亮仿真电路图

　　本案例实现的步骤分为硬件电路图绘制、硬件电路图参数计算、流程图设计、程序设计和系统调试。本案例的系统设计方案如图 3-9 所示，系统的核心控制器是单片机，单片机工作需要电源电路、时钟电路和复位电路，本案例是开关控制 LED 点亮，所以系统还需要由 LED 组成的显示电路和开关电路。

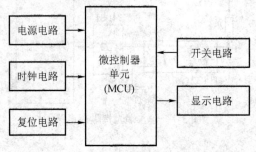

图 3-9　　开关控制 LED 点亮系统设计方案

　　开关输入接口电路如图 3-10 所示。当开关闭合时，在 P1.0 端口会得到低电平；当开关断开时，在 P1.0 端口会得到高电平。

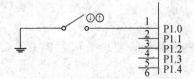

图 3-10　　开关输入接口电路

　　自锁开关有一个最大的特点，就是自带机械锁定功能，按下去，松手后开关按钮不会完全跳起来，而是处于锁定状态，需要再按一次才解锁完全跳起来。自锁开关的实物图及符号如图 3-11 所示。早期的直接完全断电的电视机、显示器就是使用这种开关。

图 3-11　　自锁开关实物图及符号

3.2.2　案例分析

　　本案例的仿真电路设计如图 3-8 所示，包含时钟电路、复位电路、开关电路和 LED 接口电路。

　　为了实现开关控制 LED 点亮首先要使单片机读入开关的状态，再根据开关的状态去控制 LED 的亮灭。若读取 P1.0 端口的状态为高电平，则 P1.1 端口输出高电平，LED 熄灭；若读取 P1.0 端口的状态为低电平，则 P1.1 端口输出低电平，LED 点亮。

　　因此本案例的软件设计思路可以用图 3-12 所示的流程图梳理如下：系统开始工作后，首先将 LED 初始化熄灭，然后进入主循环判断，若循环条件不成立，则系统停止工作；若循环条件成立，则判断开关是否按下，若开关按下则点亮 LED，若开关未按下则熄灭 LED。开关状态的判断可以通过 C51 的判断语句 if 来进行判别，其中条件表达式可写为：P10 == 0。

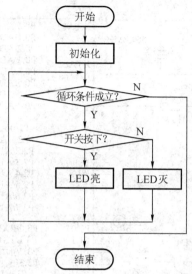

图 3-12　开关控制 LED 点亮设计流程图

工程运用：该案例可以用于各种仪器的开关指示灯的显示控制。

3.2.3　操作手册

读者可扫描右侧的二维码阅读本案例的操作手册，根据操作手册的指导完成本案例的演练。

开关控制 LED
点亮操作手册

3.2.4　举一反三

通过案例的学习，读者可以在理解案例的基础上进行一些拓展训练，思考以下几个问题该如何解决：

(1) 若在开关闭合时 LED 灭，断开时 LED 亮，该如何编程？

(2) 若开关控制需要用高电平，即开关闭合时 P1.0 端口输入高电平，那么该如何更改电路呢？

3.3　案例 2——按键控制 LED 点亮

3.3.1　任务分析

按键控制 LED 点亮案例的具体设计要求是 P1.0 端口接一个按键，P1.1 端口接一个 LED，上电时 LED 熄灭。单片机检测到按键每次按下时，LED 的状态改变，即 LED 原来点亮则变为熄灭，LED 原来熄灭则变为点亮。

按键控制 LED
点亮效果演示

本案例的仿真电路图如图 3-13 所示，它包含单片机最小系统、按键接口电路和 LED 显示电路。读者可扫描右侧的二维码来观看本案例的演示效果。

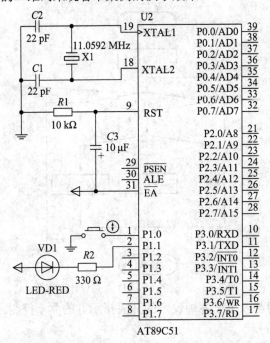

图 3-13 按键控制 LED 点亮仿真电路图

本案例的系统设计方案如图 3-14 所示，系统由单片机、电源电路、时钟电路、复位电路、按键接口电路和 LED 显示电路构成，LED 显示电路和按键接口电路设计方法如本项目案例 1 开关控制 LED 点亮中的一样。由图 3-13，读者可以很轻松地判断出，若要点亮 LED，则需要从单片机 I/O 口 P1.1 端口输出低电平；若要熄灭 LED，则需要从单片机 I/O 口 P1.1 端口输出高电平。

轻触按键有一个最大的特点，那就是它是有弹性的。按下时两引脚接通，松开时两引脚断开。常用按键的实物图及符号如图 3-15 所示。

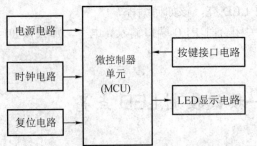

图 3-14 按键控制 LED 点亮系统设计方案

图 3-15 常用按键的实物图及符号

3.3.2 案例分析

本案例的仿真电路设计如图 3-13 所示，包含时钟电路、复位电路、按键接口电路和 LED 显示电路。各组成部分的工作原理在前面案例中已详细阐述，这里不再重复说明。

　　为了实现按键控制 LED 的点亮，首先要使单片机读入按键的状态，再根据按键的状态去控制 LED 的亮灭。按键未按下时，I/O 口 P1.0 端口读取的状态为高电平；按键按下时，I/O 口 P1.0 端口读取的状态为低电平。P1.1 端口输出高电平时，LED 熄灭；P1.1 端口输出低电平时，LED 点亮。

　　因此本案例的软件设计思路可以用图 3-16 所示的流程图梳理如下：系统开始工作后，首先初始化，然后进入循环判断，若循环条件成立，则继续判别按键是否按下，当有按键按下时，LED 状态取反，LED 由点亮变熄灭或由熄灭变点亮，当没有按键按下时，则回到循环条件判断；若循环条件不成立，则系统停止工作。而按键是否按下的判断可根据图 3-17 所示的流程图实现，按键轻触时的抖动，采用软件延时的方式进行消抖处理。即在第一次判断有按键按下后，延时 5 ms 后再次判断是否有按键按下，若无按键按下，则结束按键扫描子函数并返回 0；若有按键按下，则等待按键释放后，结束按键扫描子函数并返回 1。

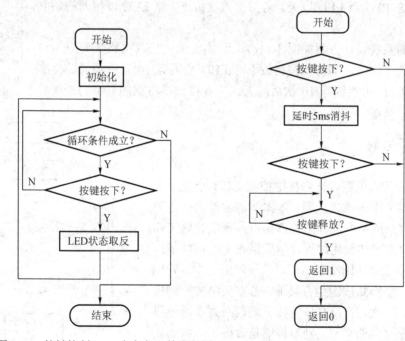

图 3-16　按键控制 LED 点亮主函数流程图　　　　图 3-17　按键扫描子函数流程图

3.3.3　操作手册

　　读者可扫描右侧的二维码阅读本案例的操作手册，根据操作手册的指导完成本案例的演练。

按键控制 LED
点亮操作手册

3.3.4　举一反三

　　通过案例的学习，读者可以在理解案例的基础上进行一些拓展训练，思考以下问题该如何解决：

在 P1.2 端口接一个按键， P1.0 端口接一个 LED，系统上电时 LED 熄灭，按下按键后 LED 点亮，再次按下按键则 LED 状态取反，该如何编程呢？

3.4　案例 3——按键控制 LED 闪烁

3.4.1　任务分析

按键控制 LED 闪烁案例的具体设计要求是 P1.0 端口接一个按键，P1.1 端口接一个 LED，上电时 LED 熄灭。单片机检测到按键按下时 LED 闪烁，闪烁频率为 5 Hz，闪烁 10 次后 LED 熄灭，若按键再次按下，则 LED 以相同的频率再次闪烁 10 次。

本案例的系统设计方案如图 3-14 所示，本案例的仿真电路图如图 3-13 所示，当系统工作时，即每次按键按下时 LED 会闪烁 10 次后熄灭，再次按下按键则 LED 再次闪烁 10 次后熄灭。读者可扫描右侧的二维码来观看本案例的演示效果。

按键控制 LED
闪烁效果演示

3.4.2　案例分析

本案例的仿真电路设计和按键控制 LED 点亮案例是一样的，这里不再重复说明。本案例的软件设计思路可以用图 3-18 所示的流程图梳理如下：系统开始工作后，首先将 LED 初始化熄灭，然后进入主循环判断，若循环条件不成立，则结束循环，系统停止工作；若循环条件成立，则判断按键是否按下，若有按键按下则控制 LED 闪烁 10 次，若没有按键按下则返回到主循环再次判断循环条件是否成立。判断按键是否按下的按键扫描子函数和按键控制 LED 点亮案例是一样的，可以直接调用。LED 闪烁 10 次可通过控制循环使 LED 亮一段时间再熄灭一段时间，重复 10 次实现。由于本案例要求 LED 的闪烁频率为 5 Hz，可推算出每次 LED 点亮和熄灭的时间均为 100 ms。

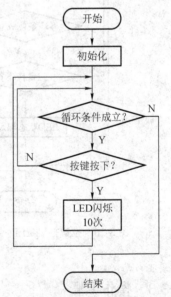

图 3-18　按键控制 LED 闪烁流程图

3.4.3　操作手册

读者可扫描右侧的二维码阅读本案例的操作手册，根据操作手册的指导完成本案例的演练。

按键控制 LED
闪烁操作手册

3.4.4　举一反三

通过案例的学习，读者可以在理解案例的基础上进行一些拓展训练，思考以下几个问题该如何解决：

(1) 上电时 LED 需要闪烁 3 次再熄灭，该如何修改程序呢？

(2) 按键按下 1 次 LED 闪烁 2 次后熄灭，又按下 1 次 LED 闪烁 5 次后熄灭，再次按下按键，LED 重复前两种效果，该如何修改程序呢？

(3) 按键按下 1 次 LED 闪烁频率为 1 kHz，又按下 1 次 LED 常亮，再次按下按键，LED 重复前两种效果，该如何修改程序呢？

3.5　案例 4——按键控制跑马灯

3.5.1　任务分析

按键控制跑马灯案例的具体设计要求是 P1.0 端口接一个按键，P2 端口接 8 个 LED，上电时 LED 全部熄灭。单片机检测到按键按下时 LED 轮流点亮，每个 LED 点亮时间为 0.2 s，8 个 LED 轮流点亮 1 次后全部熄灭。当按键再次按下时，LED 再次轮流点亮。LED 点亮期间，按键按下无效。

按键控制跑马灯
效果演示

本案例的仿真电路图如图 3-19 所示，当系统工作时，按键每次按下 8 个 LED 会轮流点亮 1 次。读者可扫描右侧的二维码来观看本案例的演示效果。

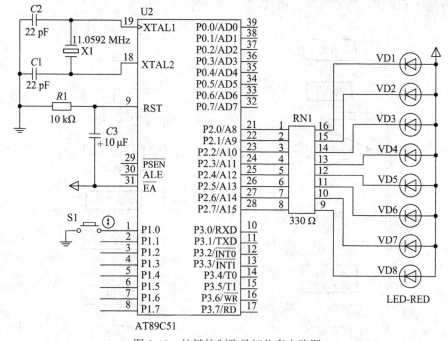

图 3-19　按键控制跑马灯仿真电路图

本案例的系统设计方案如图 3-20 所示，系统由单片机、电源电路、时钟电路、复位电路、按键接口电路和 8 个 LED 组成的显示电路构成。

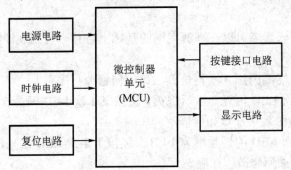

图 3-20　按键控制跑马灯系统设计方案

3.5.2　案例分析

　　本案例的硬件设计原理与前面的案例一致，这里不再重复说明。本案例的软件设计思路可以利用图 3-21 所示的流程图梳理如下：系统开始工作后，先初始化各端口及变量等，然后判断主循环条件是否成立，若不成立，则程序结束；若循环条件成立，则判断按键是否按下，若按键按下则启动一轮 8 个 LED 依次点亮的跑马灯子函数，若按键未按下则回到主循环条件判断，重复上述过程。8 个 LED 依次点亮的跑马灯子函数的设计思路可以利用图 3-22 所示的流程图梳理如下：进入子函数后，先初始化变量，然后判断是否循环了 8 次，若已循环了 8 次，则熄灭所有的 LED，子函数返回；若没有循环 8 次，则将跑马灯对应的 LED 状态值送至端口 P2，延时 0.2 s，然后取下一个 LED 状态值，再回到主循环条件判断是否循环了 8 次，然后重复上述过程。

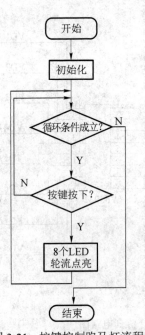

图 3-21　按键控制跑马灯流程图

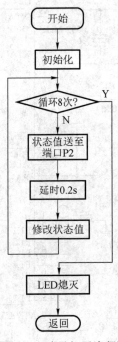

图 3-22　跑马灯子流程图

3.5.3 操作手册

读者可扫描右侧的二维码阅读本案例的操作手册，根据操作手册的指导完成本案例的演练。

按键控制跑马灯操作手册

3.5.4 举一反三

通过案例的学习，读者可以在理解案例的基础上进行一些拓展训练，思考以下几个问题该如何解决：

(1) 每个 LED 的点亮时间若改为 0.4 s，应如何编程呢？

(2) 若跑马灯的效果改为从两侧开始点亮后向中间延展，LED 全亮后从中间开始熄灭后向两侧延展，以后依次循环，每次状态保持 0.5 s，则该如何编程呢？

3.6 案例 5——双模式霓虹灯

3.6.1 任务分析

双模式霓虹灯案例的具体设计要求是 P1.0 端口、P1.1 端口分别接两个按键 S1、S2，P2 端口接 8 个 LED 指示灯，上电时 LED 全部熄灭。S1 键按下时，8 个 LED 指示灯以模式 1(模式自拟)点亮一轮，然后全灭；S2 键按下时，8 个 LED 指示灯以模式 2(模式自拟)点亮一轮，然后全灭。LED 点亮期间，按键按下无效。

本案例的系统设计方案和按键控制跑马灯案例一样，如图 3-20 所示，本案例的仿真电路图如图 3-23 所示。本案例的按键控制电路是由 2 个轻触按键构成的，分别接在单片机 P1.0 端口和 P1.1 端口上。LED 显示电路和按键控制跑马灯案例一样。当系统工作时，按键 S1 按下则 8 个 LED 按照模式 1 点亮 1 次，结束时 LED 熄灭；按键 S2 按下则 8 个 LED 按照模式 2 点亮 1 次，结束时 LED 熄灭。读者可扫描右侧的二维码来观看本案例的演示效果。

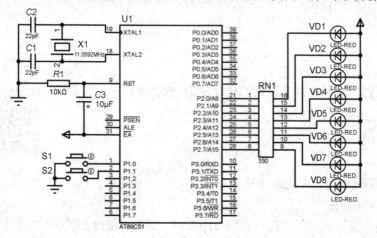

双模式霓虹灯效果演示

图 3-23 双模式霓虹灯仿真电路图

3.6.2　案例分析

本案例的硬件设计与前面的案例一致，这里不再重复说明。本案例的软件设计思路可以利用图 3-24 所示的流程图梳理如下：系统开始工作后，先初始化各端口及变量等，然后判断主循环是否成立，若不成立则程序结束；若循环成立则进入主循环，判断按键 S1 是否按下，若按键 S1 按下则启动 LED 按照模式 1 的效果运行 1 次，结束时 LED 熄灭；若按键 S1 未按下，则继续判断按键 S2 是否按下，若按键 S2 按下则启动 LED 按照模式 2 的效果运行 1 次，结束时 LED 熄灭；若按键 S2 未按下则 LED 熄灭，并回到主循环条件判断，重复以上过程。

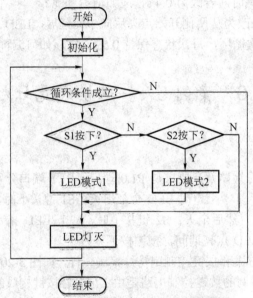

图 3-24　双模式霓虹灯设计流程图

提示：LED 的运行模式可以是 LED 闪烁 n 次、交替闪烁 n 次、流水点亮(包括两边向中间流水点亮、中间向两边流水点亮)、顺序点亮(包括两边向中间顺序点亮、中间向两边顺序点亮)、轮流熄灭等。

3.6.3　操作手册

读者可扫描右侧的二维码阅读本案例的操作手册，根据操作手册的指导完成本案例的演练。

双模式霓虹灯操作手册

3.6.4　举一反三

通过案例的学习，读者可以在理解案例的基础上进行一些拓展训练，思考以下几个问题该如何解决：

(1) 若在 LED 点亮工作时，随时按下按键 S1 或 S2，都可以使得 LED 按照所对应的模式重新开始点亮，则该如何编程呢？

(2) 在 P1 端口增加一个按键 S3，若按键 S3 按下，则 LED 以模式 1 点亮后熄灭，若按键 S3 再次按下，则 LED 以模式 2 点亮然后熄灭，该如何编程呢？

3.7   案例 6——多模式霓虹灯

3.7.1   任务分析

多模式霓虹灯案例的具体设计要求是 P1.0～P1.2 端口分别接 3 个按键 S1、S2 和 S3，P2 端口接 8 个 LED 指示灯，上电时 LED 全部熄灭。按键 S1 按下时，8 个 LED 指示灯以模式 1(模式自拟)点亮一轮，然后全灭；按键 S2 按下时，8 个 LED 指示灯以模式 2(模式自拟)点亮一轮，然后全灭；按键 S3 按下时，8 个 LED 指示灯以模式 3(模式自拟)点亮一轮，然后全灭。LED 点亮期间，按键按下无效。

本案例的系统设计方案和按键控制跑马灯案例一样，如图 3-20 所示，本案例的仿真电路图如图 3-25 所示。本案例的按键控制电路是由 3 个轻触按键构成的，分别接在单片机 P1.0、P1.1 和 P1.2 端口上。LED 显示接口电路和按键控制跑马灯案例一样。当系统工作时，按键 S1 按下，则 8 个 LED 按照模式 1 点亮 1 次，结束时 LED 熄灭；按键 S2 按下时，则 8 个 LED 按照模式 2 点亮 1 次，结束时 LED 熄灭；按键 S3 按下时，则 8 个 LED 按照模式 3 点亮 1 次，结束时 LED 熄灭。读者可扫描右侧的二维码来观看本案例的演示效果。

多模式霓虹灯
效果演示

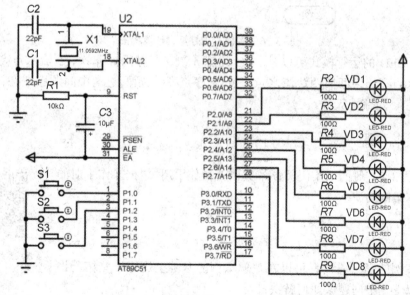

图 3-25   多模式霓虹灯仿真电路图

3.7.2   案例分析

本案例的硬件设计原理与前面的案例一致，这里不再重复说明。本案例的软件设计思路可以利用图 3-26 所示的流程图梳理如下：系统开始工作后，先初始化各端口及变量等，然后判断主循环是否成立,若不成立则程序结束;若循环成立则进入主循环,判断按键 S1 是否被按下,若按键 S1 被按下则启动 LED 按照模式 1 的效果运行 1 次,结束时 LED 熄灭;若按键 S1 未被按下则判断按键 S2 是否被按下,若按键 S2 被按下则启动 LED 按照模式 2 的效果运行 1 次,结束时 LED 熄灭;若按键 S2 未被按下则判断按键 S3 是否被按下,若按键 S3 被按下则启动 LED 按照模式 3 的效果运行 1 次,结束时 LED 熄灭;若按键 S3 未被按下则 LED 熄灭,并回到主循环条件判断,重复以上过程。

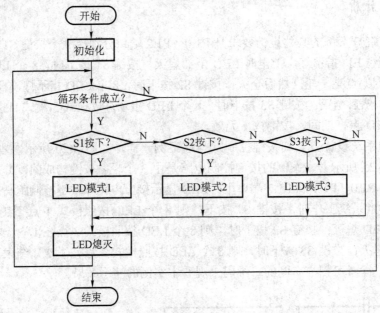

图 3-26　多模式霓虹灯设计流程图

提示:LED 的运行模式可以是 LED 闪烁 n 次、交替闪烁 n 次、5 流水点亮(包括两边向中间流水点亮、中间向两边流水点亮)、顺序点亮(包括两边向中间顺序点亮、中间向两边顺序点亮)、轮流熄灭等。

3.7.3　操作手册

读者可扫描右侧的二维码阅读本案例的操作手册,根据操作手册的指导完成本案例的演练。

多模式霓虹灯操作手册

3.7.4　举一反三

通过案例的学习,读者可以在理解案例的基础上进行一些拓展训练,思考以下几个问题该如何解决:

(1) 能否用不同的代码实现本案例中相同的效果呢?该如何编程呢?

(2) 若在按键 S1、S2 同时按下的情况下,8 个 LED 完成 3 种点亮模式,那么该如何编程呢?

(3) 若只用一个按键 S1 控制 8 个 LED 完成 3 种点亮模式,那么该如何编程呢?

3.8　常　见　错　误

读者可扫描右侧的二维码阅读本项目所列设计中可能会出现的常见错
误，以便更深入地学习。

常见错误

小　　　结

本项目包括了开关、按键输入原理、设计思路和程序流程图绘制。

习　　　题

利用单片机控制按键触发 LED 发出莫尔斯电码求救，实现一个"SOS"呼救系统。系
统开机时 LED 熄灭，即"SOS"呼救系统待机；按键 1 每次按下触发 1 组"SOS"呼救信
号输出；按键 2 按下 1 次则触发"SOS"呼救信号循环输出，按键 2 再次按下则停止发送
"SOS"呼救信号。

提示：循环输出"SOS"呼救信号时，每一组"SOS"呼救信号发送结束后需停顿 1 s。

项目 4　炫酷的烟花——外部中断应用

4.1　项　目　综　述

4.1.1　项目意义及背景

假设这样一个场景：周末你放假在家，准备泡咖啡时，发现没有开水，于是你把水壶灌好水，放在炉灶上烧。等水烧开还有一段时间，于是你打开影碟机看电影，正看到精彩之处，突然有人敲门，你为了不错过精彩的地方选择了暂停播放。去开门，原来是送快递的，正当你准备验收快递签字的时候，你的开水壶发出报警声提醒你开水烧好了，你请快递员稍等片刻，马上跑去关掉炉灶，然后立刻跑到门口给快递员签收回单，收好快递后继续观看电影。

以上是我们假设的一个生活场景，其实里面就包含了很多"中断"的现象。所谓中断，就是正在做的事情被打断了。在这个场景中，快递员送快递和水烧开都是中断源，简单地说，中断源就是引起中断的原因或能发出中断请求的来源。这两个中断源对应的中断标志分别是门铃声和水壶的报警声，当它们发出声音时即向你提出中断请求。如果你允许它们中断，就要根据它们的优先级别进行中断响应，即接收快递和关掉炉灶。而按照上面这个例子的处理来看，实际是在响应快递员送快递的事件过程中嵌套着响应水烧开的事件，这就是中断嵌套；当你逐一将中断事件处理完时逐一地返回响应中断前的状态，这就是中断返回。

实际上，你可能会说，当发生上面这种情况时，你的处理方法和上面不一样。的确，现实生活中，我们对中断源提出的中断请求是否响应以及如何响应是千差万别的，但不论你如何处理，对于中断事件的产生、接受和处理的原则是一样的，即当发生中断事件时，中断源给出有效中断标志、提出中断请求，处理方允许中断请求时，根据中断优先级别等具体情况执行中断响应和中断返回。

对于单片机来说，中断就是指 CPU 在执行某段程序的过程中，由于计算机系统内外的某种原因，暂时中止原程序的执行，转去执行相应的处理程序，并在中断服务程序执行完后再回来继续执行被中断的原程序的过程，如图 4-1 所示。

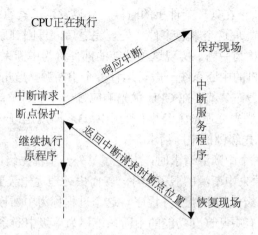

图 4-1 中断执行过程

上面的生活场景引出了中断的概念，这种例子在生活中经常发生，但却不能预见什么时候会发生。也就是说，中断随时可能会出现，所以中断系统在单片机系统中起着十分重要的作用。读者进一步地思考就会发现中断实际提高了工作效率，更有利于资源共享。它在单片机系统设计中实现了很多功能，主要有以下几个方面：

(1) 协调 CPU 与外设的速度，解决了 CPU 速度快、外设速度慢的矛盾。在外设需要时向 CPU 发出中断申请，CPU 暂停现行程序，响应中断，执行中断服务程序，中断服务程序执行结束后，CPU 返回原程序继续执行。

(2) 提高了实时数据处理的时效。在实时控制系统中，往往有许多被控系统的数据需要实时采集，以便及时分析和处理。如果 CPU 一直采集这些数据，虽然可以做到实时，但工作效率低，而利用中断系统就可以及时地将关键数据送至 CPU，节省了 CPU 大量的扫描时间，大大提高了实时控制的效率。

(3) 故障处理。故障往往是随机发生的，如电源断电、运算溢出、存储器出错等。在系统设计时，如果采用中断技术来处理故障，那么一旦系统出现故障，就可以立即进行应急处理，而不必停机，从而减少损失。

在项目 3 中读者应体会到，使用查询方式识别按键的系统时常会发生按键无法及时得到处理的情况。为了提高系统对按键识别的效率，本项目仍然以按键的识别为例，利用外部中断识别按键是否按下，继而控制发光二极管点亮方式。按键采用外部中断的方式识别，按键按下识别的实时性更高，代码的效率更高，是编程中推荐使用的方式。本项目将通过键控 LED 闪烁、微型手电筒和电子烟花 3 个案例使读者循序渐进地学习、掌握单片机中断系统的原理、中断源和中断标志、中断优先级、中断函数的编写及外部中断的应用等内容。

4.1.2 知识准备

要掌握 STC8 单片机的中断系统，首先要弄清楚如下几个概念：中断、中断源、中断标志、中断请求、中断允许、中断优先级、中断响应、中断嵌套和中断返回。

1. 中断概述

中断系统是为了使 CPU 具有应对外界紧急事件的实时处理能力而设置的。

　　当中央处理器 CPU 正在处理某件事的时候，外界发生了紧急事件请求，要求 CPU 暂停当前的工作，转而去处理这个紧急事件，处理完之后，再回到原来被中断的地方，继续原来的工作，这个过程称为中断。实现这种功能的部件称为中断系统，请示 CPU 中断的请求源称为中断源。微型机的中断系统一般可运行多个中断源，当几个中断源同时向 CPU 请求中断，要求为它们服务时，就存在 CPU 优先响应哪一个中断源请求的问题。通常根据中断源的轻重缓急排队，优先处理最紧急事件的中断源，即规定每一个中断源有一个优先级别。CPU 总是先响应优先级高的中断请求。

　　当 CPU 正在处理一个中断源请求时，发生了另外一个优先级比它还高的中断源请求；如果 CPU 能够暂停对原来中断源的服务程序，转而去处理优先级更高的中断源请求，处理完以后，再回到原优先级低的中断服务程序，这个过程称为中断嵌套。这样的中断系统统称为多级中断系统，没有中断嵌套功能的中断系统称为单级中断系统。

　　2. 中断结构

　　引起中断的原因或能发出中断请求的来源称为中断源。传统 51 系列单片机的中断系统有 5 个中断源，即 2 个外部中断源、2 个定时器/计数器中断源及 1 个串行口中断源。相对于外部中断源，定时器/计数器中断源与串行口中断源又称为内部中断源。

　　STC8 系列单片机提供了 22 个中断源，除了与传统 51 系列单片机兼容的 5 个中断源外，新增的中断源分别为模数转换中断 (ADC)、低压检测中断 (LVD)、捕获中断 (CCP/PCA/PWM)、串口 2 中断 (UART2)、串行外设接口中断 (SPI)、外部中断 2 (INT2)、外部中断 3 (INT3)、定时器 2 中断 (Timer2)、外部中断 4 (INT4)、串口 3 中断 (UART3)、串口 4 中断 (UART4)、定时器 3 中断 (Timer3)、定时器 4 中断 (Timer4)、比较器中断 (CMP)、增强型 PWM 中断、PWM 异常检测中断 (PWMFD)、I^2C 总线中断。

　　除外部中断 2、外部中断 3、串口 3 中断、串口 4 中断、定时器 2 中断、定时器 3 中断、定时器 4 中断固定是最低优先级中断外，其他中断源都具有 4 个中断优先级可以设置。用户可以用关总中断允许位 (EA/IE.7) 或相应中断的允许位来屏蔽所有的中断请求，也可以打开相应的中断允许位使 CPU 响应相应的中断申请；每一个中断源可以用软件独立地控制开中断或关中断状态；每一个中断的优先级别均可用软件设置。高优先级的中断请求可以打断低优先级的中断，而低优先级的中断请求不可以打断高优先级及同优先级的中断。当两个相同优先级的中断同时产生时，将由查询次序来决定系统先响应哪个中断。STC8 系列单片机的中断系统结构图如图 4-2 所示。

　　STC8 系列单片机中断系统的相关控制位如表 4-1 所示。中断向量为中断事件发生时，中断服务程序的入口地址。次序为 CPU 对相同优先级中断标志的查询次序，当两个相同优先级的中断同时产生时，将由查询次序来决定系统先响应哪个中断。STC8 系列单片机有 4 个中断优先级，分别为优先级 0~3，0 为最低级，3 为最高级，通过优先级设置位来实现该中断源的优先级设置。中断请求位即中断标志位，标志位为 1 则表示有中断事件发生，如果中断允许，CPU 能够查询到标志位为 1，进入中断处理函数进行处理。中断允许位实现对该中断源的开启与关闭设置。

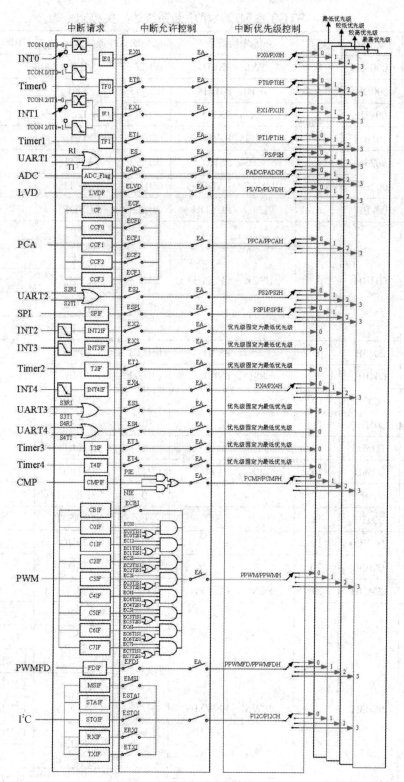

图 4-2　STC8 系列单片机中断系统结构图

表 4-1　STC8 系列单片机中断系统的相关控制位表

中断源	中断向量	次序	优先级设置	优先级	中断请求标志位	中断允许控制位
INT0	0003H	0	PX0，PX0H	0/1/2/3	IE0	EX0
Timer0	000BH	1	PT0，PT0H	0/1/2/3	TF0	ET0
INT1	0013H	2	PX1，PX1H	0/1/2/3	IE1	EX1
Timer1	001BH	3	PT1，PT1H	0/1/2/3	TF1	ET1
UART1	0023H	4	PS，PSH	0/1/2/3	RI‖TI	ES
ADC	002BH	5	PADC，PADCH	0/1/2/3	ADC_Flag	EADC
LVD	002BH	6	PLVD，PLVDH	0/1/2/3	LVDF	ELVD
PCA	003BH	7	PPCA，PPCAH	0/1/2/3	CF	ECF
					CCF0	ECF0
					CCF1	ECF1
					CCF2	ECF2
					CCF3	ECF3
UART2	0043H	8	PS2，PS2H	0/1/2/3	S2RI‖S2TI	ES2
SPI	004BH	9	PSPI，PSPIH	0/1/2/3	SPIF	ESPI
INT2	0053H	10		0	INT2IF	EX2
INT3	005BH	11		0	INT3IF	EX3
Timer2	0063h	12		0	T2IF	ET2
INT4	0083H	16	PX4，PX4H	0/1/2/3	INT4IF	EX4
UART3	008BH	17		0	S3RI‖S3TI	ES3
UART4	0093H	18		0	S4RI‖S4TI	ES4
Timer3	009Bh	19		0	T3IF	ET3
Timer4	00A3h	20		0	T4IF	ET4
CMP	00ABH	21	PCMP，PCMPH	0/1/2/3	CMPIF	PIE‖NIE
PWM	00B3H	22	PPWM，PPWMH	0/1/2/3	CBIF	ECBI
					C0IF	EC0I&&EC0T1SI
						EC0I&&EC0T2SI
					C1IF	EC1I&&EC1T1SI
						EC1I&&EC1T2SI
					C2IF	EC2I&&EC2T1SI
						EC2I&&EC2T2SI
					C3IF	EC3I&&EC3T1SI
						EC3I&&EC3T2SI

续表

中断源	中断向量	次序	优先级设置	优先级	中断请求标志位	中断允许控制位
PWM	00B3H	22	PPWM，PPWMH	0/1/2/3	C4IF	EC4I&&EC4T1SI
						EC4I&&EC4T2SI
					C5IF	EC5I&&EC5T1SI
						EC5I&&EC5T2SI
					C6IF	EC6I&&EC6T1SI
						EC6I&&EC6T2SI
					C7IF	EC7I&&EC7T1SI
						EC7I&&EC7T2SI
PWMFD	00BBH	23	PPWMFD，PPWMFDH	0/1/2/3	FDIF	EFDI
I²C	00C3H	24	PI2C，PI2CH	0/1/2/3	MSIF	EMSI
					STAIF	ESTAI
					STOIF	ESTOI
					RXIF	ERXI
					TXIF	ETXI

外部中断 0(INT0)和外部中断 1(INT1) 既可低电平触发，也可以下降沿触发。TCON 寄存器中的 IT0/TCON.0 和 IT1/TCON.2 决定了外部中断 0 和外部中断 1 是低电平触发方式还是下降沿触发方式。如果 $ITx = 0(x = 0,1)$，那么系统在 INTx(x = 0,1)脚探测到低电平后可产生外部中断；如果 $ITx = 1(x = 0,1)$，那么系统在 INTx(x=0,1) 脚探测到下降沿后可产生外部中断。请求两个外部中断的标志位位于寄存器 TCON 中的 IE0/TCON.1 和 IE1/TCON.3。当外部中断服务程序被响应后，中断请求标志位IE0和IE1会自动被清零。外部中断 0(INT0) 和外部中断 1(INT1) 还可以将单片机从掉电模式唤醒。外部中断 2(INT2)、外部中断 3(INT3)、外部中断 4(INT4) 的中断触发方式固定为低电平触发，其中断请求标志位位于寄存器 AUXINTIF 中的 INT2IF、INT3IF 及 INT4IF 中。

由于系统每个时钟对外部中断引脚采样 1 次，因此为了确保被检测到，输入信号应该至少维持 2 个系统时钟。如果外部中断是下降沿触发，要求必须在相应的引脚维持高电平至少 1 个系统时钟，而且低电平也要持续至少 1 个系统时钟，才能确保该下降沿被 CPU 检测到。同样，如果外部中断是低电平可触发，则要求必须在相应的引脚维持低电平至少 2 个系统时钟，这样才能确保 CPU 能够检测到该低电平信号。

3. 中断寄存器

与 STC8 系列单片机中断相关的寄存器有很多，与外部中断相关的寄存器有8个，如表4-2 所示。下面对这 8 个寄存器进行介绍。

表 4-2　与外部中断相关的寄存器

符号	描述	地址	位地址与符号								复位值
			D7	D6	D5	D4	D3	D2	D1	D0	
IE	中断允许寄存器	A8H	EA	ELVD	EADC	ES	ET1	EX1	ET0	EX0	0000,0000
INTCLKO	外部中断与时钟输出控制寄存器	8FH	—	EX4	EX3	EX2	—	T2CLKO	T1CLKO	T0CLKO	x000,x000
IP	中断优先级控制寄存器	B8H	PPCA	PLVD	PADC	PS	PT1	PX1	PT0	PX0	0000,0000
IPH	高中断优先级控制寄存器	B7H	PPCAH	PLVDH	PADCH	PSH	PT1H	PX1H	PT0H	PX0H	0000,0000
IP2	中断优先级控制寄存器2	B5H	—	PI2C	PCMP	PX4	PPWMFD	PPWM	PSPI	PS2	x000,0000
IP2H	高中断优先级控制寄存器2	B6H	—	PI2CH	PCMPH	PX4H	PPWMFDH	PPWMH	PSPIH	PS2H	x000,0000
TCON	定时器/计数器控制寄存器	88H	TF1	TR1	TF0	TR0	IE1	IT1	IE0	IT0	0000,0000
AUXINTIF	扩展外部中断标志寄存器	EFH	—	INT4IF	INT3IF	INT2IF	—	T4IF	T3IF	T2IF	x000,x000

1) 中断允许寄存器 IE

STC8系列单片机CPU对中断源的使能或禁止，每一个中断源是否被允许中断，是由内部的中断允许寄存器 IE 和 IE2 控制的。与外部中断相关的寄存器为IE，其字节地址为A8H，可位寻址，其格式如表 4-3 所示。

表 4-3　中断允许寄存器 IE 的格式

位	名称	功能	用　法
D7	EA	总中断允许	1：允许所有的中断。0：禁止所有的中断
D6	ELVD	低压检测中断允许位	
D5	EADC	A/D 转换中断允许	
D4	ES	串行口 1 中断允许	
D3	ET1	定时器 1 中断允许	1：允许相应中断源中断。0：禁止中断相应中断源
D2	EX1	外部中断 1 中断允许	
D1	ET0	定时器 0 中断允许	
D0	EX0	外部中断 0 中断允许	

STC8系列单片机复位以后，IE 被清零，可由用户程序置"1"或清"0" IE相应的位，实现允许或禁止各中断源的中断申请，若使某一个中断源允许中断，则必须同时使 CPU 开放中断。更新IE的内容可由位操作来实现，也可用字节操作实现。

2) 外部中断与时钟输出控制寄存器 INTCLKO

INTCLKO 是 STC8 系列单片机特有的寄存器，实现对外部中断 2、外部中断 3、外部中断 4 的使能控制。寄存器的格式如表 4-4 所示，其字节地址为 8FH，不可位寻址。

表 4-4 INTCLKO 的格式

位	名称	功 能	用 法
D7	—		
D6	EX4	外部中断4中断允许位	0：禁止中断。1：允许中断
D5	EX3	外部中断3中断允许位	0：禁止中断。1：允许中断
D4	EX2	外部中断2中断允许位	0：禁止中断。1：允许中断
D3	—		
D2	T2CLKO	定时器2时钟分频输出	0：关闭输出。1：允许输出
D1	T1CLKO	定时器1时钟分频输出	0：关闭输出。1：允许输出
D0	T0CLKO	定时器0时钟分频输出	0：关闭输出。1：允许输出

3）中断优先级控制寄存器 IP、IP2 和 IPH、IP2H

传统 8051 单片机具有两个中断优先级，即高优先级和低优先级，可以实现两级中断嵌套。STC8 系列单片机通过新增加特殊功能寄存器 (IPH和IP2H) 中的相应位，可将中断优先级设置为 4 级；如果只设置 IP 和 IP2，那么中断优先级只有两级，与传统 8051 单片机两级中断优先级完全兼容。

IP 的字节地址为 B8H，可位寻址。IPH 的字节地址为 B7H，不可位寻址。优先级控制寄存器 IP 和 IPH 的格式参见表4-2。

IPH 和 IP 各位的功能如表 4-5 所示，每个中断源由两个控制位来设置四个中断优先级。

表 4-5 IPH 和 IP 各位的功能

优先级控制位	功 能	描 述
PPCAH, PPCA	PCA中断优先级控制位	当控制位为：
PLVDH, PLVD	低压检测中断优先级控制位	0 0　设为最低优先级(优先级0)
PADCH, PADC	A/D转换中断优先级控制位	0 1　设为较低优先级(优先级1)
PSH, PS	串口1中断优先级控制位	1 0　设为较高优先级(优先级2)
PT1H, PT1	定时器1中断优先级控制位	1 1　设为最高优先级(优先级3)
PX1H, PX1	外部中断1优先级控制位	
PT0H, PT0	定时器0中断优先级控制位	
PX0H, PX0	外部中断0优先级控制位	

IP2 的字节地址为 B5H，不可位寻址。IP2H 的字节地址为 B6H，不可位寻址。优先级控制寄存器 IP2 和 IP2H 的格式参见表4-2。

IP2H 和 IP2 各位的功能如表 4-6 所示。

表 4-6 IP2H 和 IP2 各位的功能

优先级控制位	功 能	描 述
PS2H, PS2	串口2中断优先级控制位	当控制位为：
PSPIH, PSPI	SPI中断优先级控制位	0 0　设为最低优先级(优先级0)
PPWMH, PPWM	增强型PWM中断优先级控制位	0 1　设为较低优先级(优先级1)
PPWMFDH, PPWMFD	增强型PWM异常检测中断优先级控制位	1 0　设为较高优先级(优先级2) 1 1　设为最高优先级(优先级3)

优先级控制位	功　能	描　述
PX4H, PX4	外部中断4优先级控制位	当控制位为:
PCMPH, PCMP	比较器中断优先级控制位	0　0　设为最低优先级(优先级0)　0　1　设为较低优先级(优先级1)
PI2CH, PI2C	I2C中断优先级控制位	1　0　设为较高优先级(优先级2)　1　1　设为最高优先级(优先级3)

中断优先级控制寄存器 IP、IP2、IPH 和 IP2H 的各位都可由用户程序置"1"和清"0"。但 IP 可位操作，所以可用位操作指令或字节操作指令更新 IP 的内容。而 IP2、IPH 和 IP2H 的内容只能用字节操作指令来更新。STC8 系列单片机复位后，IP、IP2、IPH 和 IP2H 均为 00H，各个中断源均为低优先级中断。

4) 定时器/计数器控制寄存器 TCON

TCON 为定时器/计数器 T0、T1 的控制寄存器，同时也锁存 T0、T1 溢出中断源和外部中断源等，TCON 的字节地址为 88H，可位寻址，其格式如表 4-7 所示。

表 4-7　TCON 的格式

位	名称	功　能	用　法
D7	TF1	T1 溢出中断标志	产生溢出时由硬件置"1" TF1，向CPU请求中断
D6	TR1	定时器 1 的启动位	TR1=1，启动定时器 1；TR1=0，关闭定时器 1
D5	TF0	T0 溢出中断标志	产生溢出时由硬件置"1" TF0，向CPU请求中断
D4	TR0	定时器 0 的启动位	TR0=1，启动定时器 0；TR0=0，关闭定时器 0
D3	IE1	外部中断 1 请求标志	INT1 引脚上出现触发中断的信号时，IE1=1
D2	IT1	外部中断 1 中断触发选择位	IT1=0，INT1 引脚上的低电平信号可触发外部中断 1；IT1=1，外部中断 1 为下降沿触发方式
D1	IE0	外部中断 0 请求标志	INT0 引脚上出现触发中断的信号时，IE0=1
D0	IT0	外部中断 0 中断触发选择位	IT0=0，INT0 引脚上的低电平信号可触发外部中断 0；IT0=1，外部中断 0 为下降沿触发方式

5) 扩展外部中断标志寄存器 AUXINTIF

AUXINTIF 为扩展外部中断标志寄存器，存放外部中断 2、外部中断3、外部中断4 的中断请求位，其字节地址为 EFH，不可位寻址，其格式如表 4-8 所示。

表 4-8　AUXINTIF 的格式

位	名称	功　能	用　法
D7	—	—	
D6	INT4IF	外部中断 4 中断请求标志	外部中断 4 中断请求标志，需要软件清零
D5	INT3IF	外部中断 3 中断请求标志	外部中断 3 中断请求标志，需要软件清零
D4	INT2IF	外部中断 2 中断请求标志	外部中断 2 中断请求标志，需要软件清零
D3	—	—	
D2	T4IF	定时器 4 溢出中断标志	定时器 4 溢出中断标志，该位需要软件清零
D1	T3IF	定时器 3 溢出中断标志	定时器 3 溢出中断标志，需要软件清零
D0	T2IF	定时器 2 溢出中断标志	定时器 2 溢出中断标志，需要软件清零

4. 中断优先级

除外部中断 2、外部中断 3、串口 3 中断、串口 4 中断、定时器 2 中断、定时器 3 中断、定时器 4 中断固定是最低优先级中断外，STC8 系列单片机其他中断源都具有4个中断优先级。这些中断源可编程为高优先级中断、较高优先级中断、较低优先级中断或低优先级中断，可实现四级中断服务程序嵌套。一个正在执行的低优先级中断能被高优先级中断所中断，但不能被另一个同级或低优先级中断所中断，中断处理程序执行到结束，返回主程序后再执行一条指令才能响应新的中断申请。以上所述可归纳为下面两条基本规则：

(1) 低优先级中断可被高优先级中断所中断，反之不能。若 CPU 当前正在为低优先级中断服务，在该中断的条件下，它能被另一个高优先级中断请求。当 CPU 暂停正在执行的低优先级中断服务程序，转去为高优先级中断服务，服务结束后再返回到被中断了的低优先级中断的服务程序，即为中断嵌套，其执行示意图如图 4-3 所示。

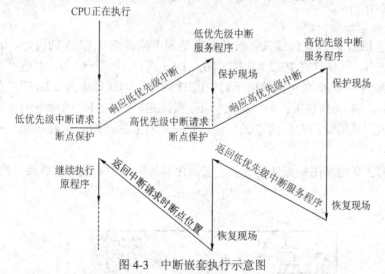

图 4-3 中断嵌套执行示意图

(2) 任何一种中断(不管是高优先级还是低优先级)，一旦得到响应，就不会再被它的同优先级中断所中断。当同时收到几个同优先级的中断请求时，哪一个要求得到服务，取决于内部的查询次序。这相当于在每个优先级内，还同时存在另一个辅助优先级结构。STC8系列单片机各中断优先查询次序如表 4-1 中的序号所示。

如果使用C语言编程，中断查询次序号就是中断号，例如：

```
void Int0_Routine(void) interrupt 0        //外部中断0
void Int1_Routine(void) interrupt 2        //外部中断1
void Int2_Routine(void) interrupt 10       //外部中断2
void Int3_Routine(void) interrupt 11       //外部中断3
void Int4_Routine(void) interrupt 16       //外部中断4
```

5. 中断处理

当某中断源提出中断请求且被CPU响应，主程序被中断，接下来将执行如下操作：

(1) 当前正在执行的指令全部执行完毕；

(2) PC 值被压入栈；

(3) 现场保护；

(4) 阻止同级别其他中断；

(5) 将中断向量地址装载到程序计数器 PC；

(6) 执行相应的中断服务程序；

(7) 中断服务程序 ISR 完成和该中断相应的一些操作；

(8) ISR 程序执行完后，将 PC 值从栈中取回，并恢复原来的中断设置，之后从主程序的断点处继续执行指令。

4.2　案例 1——按键控制 LED 闪烁

4.2.1　任务分析

按键控制 LED 闪烁

效果演示

按键控制 LED 闪烁案例的具体设计要求是利用按键切换 LED 的闪烁状态与熄灭状态，按键接在 P3.2 端口(INT0)，P1.1 端口接一个 LED，上电时 LED 熄灭。单片机检测到按键按下时，LED 闪烁，闪烁频率为 5 Hz；按键再次按下，则 LED 熄灭；如按键又按下，则 LED 又以 5 Hz 的频率闪烁。按键的识别采用外部中断的方式。请读者扫描右侧的二维码观看本案例的演示效果。

本案例的仿真电路图如图 4-4 所示，它包含单片机最小系统、按键接口电路和 LED 显示电路。

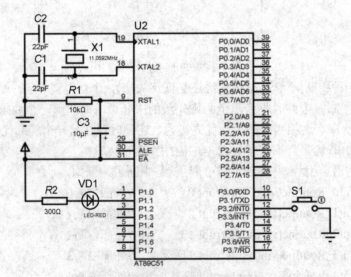

图 4-4　按键控制 LED 闪烁仿真电路图

该案例的系统设计方案如图 4-5 所示，单片机工作所需的最小系统包括电源电路、时钟电路和复位电路，系统的核心控制器是单片机，显示电路由 LED 构成，通过按键控制 LED 的状态。

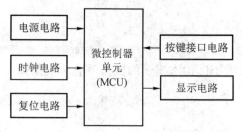

图 4-5　按键控制 LED 闪烁系统设计方案

按键的识别方式有两种：一种是查询方式，在主循环中不断判断与按键连接的 P3.2 端口是否为低电平，如果检测为低电平，则经过延时、消除抖动、等待释放等过程后对按键进行处理；另一种方式是中断方式，使能系统总中断允许及 INT0 中断允许后，CPU 无须检测 P3.2 端口，只管执行其他任务，若按键按下，则 CPU 停止正在执行的程序，自动转入中断处理函数。本案例将采用中断的方式识别按键是否按下。

4.2.2　案例分析

本案例仿真电路设计如图 4-4 所示，此电路在项目 3 的案例 2 中已经有详细说明，这里就不再赘述。

本案例程序的主函数流程图如图 4-6 所示，在主程序的设计中首先对外部中断进行初始化配置，然后进入主循环，判断循环条件是否成立，若成立则在主循环中判断 flag 的值是否为 1，若为 1 则将 LED 的状态取反，并延时 0.1 s；若 flag 为 0 则将 LED 熄灭。由于 flag 的初始值为 0，因此系统上电后 LED 为熄灭状态，延时 0.1 s 是为了实现 5 Hz 闪烁频率的要求。

外部中断初始化子函数流程图如图 4-7 所示，在此子函数中设置外部中断为边沿触发方式，允许外部中断 0 和总中断。

外部中断服务子函数流程图如图 4-8 所示，其软件设计思路如下：系统定义了一个标识 LED 状态的全局变量 flag，flag 的初始值为 0，flag 的值可为 0 或者 1，flag 的值在外部中断处理函数中判断按键释放后进行 0 与 1 的切换。

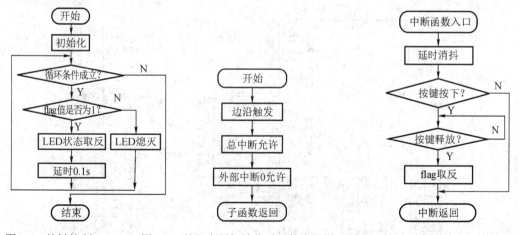

图 4-6　按键控制 LED　　图 4-7　外部中断初始化子函数流程图　图 4-8　外部中断服务子函数流程图
闪烁程序的主函数流程图

4.2.3 操作手册

读者可扫描右侧的二维码阅读本案例的操作手册，根据操作手册的指导完成本案例的演练。

4.2.4 举一反三

通过案例的学习，读者可以在理解案例的基础上进行一些拓展训练，思考以下几个问题该如何解决：

(1) 若闪烁频率以 3 次为一个循环，逐渐变慢，从第一次闪烁频率 5 Hz，到第二次闪烁频率 2 Hz，第三次闪烁频率 1 Hz，该如何编程？

(2) 若按键每次按下修改一次 LED 闪烁频率，LED 闪烁频率在 5 Hz、2 Hz 和 1 Hz 之间切换，该如何编程？

4.3 案例 2——微型手电筒

4.3.1 任务分析

微型手电筒案例的具体要求是 P3.2 端口接一个按键，P1、P2 端口接 16 个白光 LED 指示灯，上电时 LED 指示灯全灭，通过按键切换 LED 指示灯点亮的个数，从而达到调节整个系统亮度的目的。亮度分为四档，即全亮、75%亮、50%亮及 25%亮，通过按键使亮度在这四档中轮流切换。读者可扫描右侧的二维码观看本案例的演示效果。

本案例的仿真电路图如图 4-9 所示，它包含单片机最小系统、按键接口电路和 LED 接口电路。

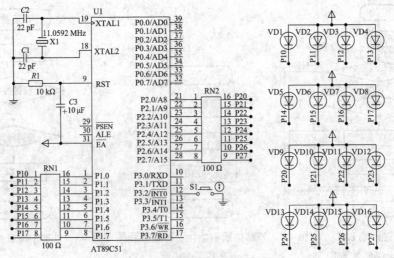

图 4-9　微型手电筒仿真电路图

本案例的系统设计方案如图 4-10 所示，系统由单片机、电源电路、时钟电路、复位电路、按键接口电路和 16 个 LED 接口电路构成。16 个 LED 分别接在 P1 端口和 P2 端口，按键接在外部中断 0 输入口(P3.2 端口)。按键每次按下，都能改变 16 个 LED 中点亮的个数，从而实现改变整体微型手电筒亮度的功能。

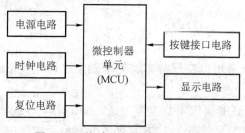

图 4-10　微型手电筒系统设计方案

4.3.2　案例分析

本案例的仿真电路设计如图 4-9 所示，包含时钟电路、复位电路、按键接口电路和 16 个 LED 接口电路。

本案例的软件设计主函数流程图如图 4-11 所示，外部中断初始化子函数流程图如图 4-7 所示，外部中断服务子函数流程图如图 4-12 所示。

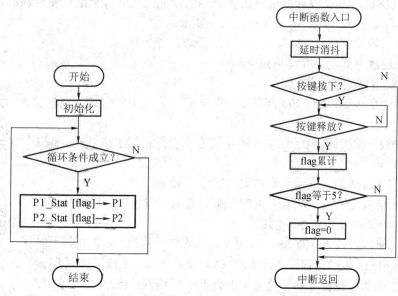

图 4-11　微型手电筒设计主函数流程图　　　图 4-12　外部中断服务子函数流程图

设计思路：按键按下识别方式采用外部中断方式，开启总中断允许及外部中断允许，将外部中断设置为下降沿触发；flag 设为全局变量，该变量的值标识 LED 点亮的个数，flag 为 0 时 LED 全部熄灭，flag 为 1 时 LED 全部点亮，flag 为 2 时 12 个 LED 点亮，flag 为 3 时 8 个 LED 点亮，flag 为 4 时 4 个 LED 点亮；按键按下时，flag 的值改变，使之在 0～4 之间循环变化；LED 的控制码存在数组中，在主程序中根据 flag 的值读取控制码，以控制 LED 点亮的个数。

4.3.3　操 作 手 册

读者可扫描右侧的二维码阅读本案例的操作手册,根据操作手册的指导完成本案例的演练。

4.3.4　举 一 反 三

通过案例的学习,读者可以在理解案例的基础上进行一些拓展训练,思考以下几个问题该如何解决:

(1) 若微型手电筒的亮度变化需要改为全亮、66%亮、33%亮、全灭,该如何编程?

(2) 若不采用改变 LED 点亮个数的方案来改变微型手电筒的亮度,还可以使用什么方案来调整微型手电筒的亮度呢? 程序又该如何修改呢?

4.4　案例 3——电子烟花

4.4.1　任 务 分 析

电子烟花案例的具体设计要求是用多个绚丽发光二极管排列成烟花绽放的形式,编程让 LED 以烟花绽放的方式点亮,并具有以下要求:

(1) 发光二极管至少有 16 个,至少有一簇烟花图形;

(2) 烟花绽放方式至少有 4 种组合构成;

(3) 4 种绽放方式轮流进行;

(4) 利用一个按键控制 LED 烟花绽放的开启,采用中断方式识别按键是否按下;

(5) 每次按下按键时,电子烟花 4 种绽放方式轮流正常工作 2 次后熄灭所有 LED。

读者可扫描右侧的二维码观看本案例的演示效果。

本案例的仿真电路图可扫描右侧的二维码查看,它包含单片机最小系统、按键接口电路和 LED 接口电路。

本案例的系统设计方案如图 4-13 所示,系统由单片机、电源电路、时钟电路、复位电路、按键接口电路和 LED 接口电路构成,由按键控制 LED 烟花的开启和关闭,按键连接在单片机的外部中断输入口(P3.2 端口),按键是否按下由外部中断来识别。

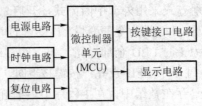

图 4-13　电子烟花系统设计方案

4.4.2 案例分析

本案例的仿真电路设计包含时钟电路、复位电路、按键接口电路和 LED 接口电路。在本案例中，LED 的数量较多，多达 64 个，此时要考虑 I/O 口的驱动能力。STC8 系列单片机每个 I/O 口的灌电流可达 20 mA；整个芯片的工作电流不超过 90 mA。本案例设计中采用 64 个 LED，构成一个跑马灯及四层同心圆的烟花图形；每个 LED 以 1.5 mA 电流计算，最大电流 96 mA，略超 90 mA 的限值，短时间工作可以考虑不加驱动电路直接控制 64 个 LED 点亮。多个 LED 在烟花效果中点亮规律相同，可用同一个 I/O 口控制，此处可用一个 I/O 口控制 8 个 LED。

本案例的软件设计思路：按键按下识别方式采用外部中断方式，开启总中断允许及外部中断允许，将外部中断设置为下降沿触发；flag 设为全局变量，该变量的值标识电子烟花的状态，flag 为 0 时关闭电子烟花，flag 为 1 时开启电子烟花；按键按下时，flag 的值改变，使之在 0～2 之间切换；电子烟花中的 LED 有 4 种点亮模式，这 4 种模式分别用 1 个子函数来实现，在主程序中根据 flag 的值调用点亮模式或关闭电子烟花。这里尤其要注意的是，每次按键按下，均可控制烟花从头开始绽放，主程序流程图如图 4-14 所示，外部中断服务子函数流程图如图 4-15 所示。

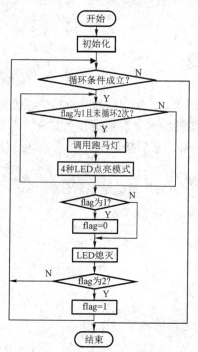

图 4-14 电子烟花主程序流程图

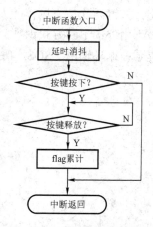

图 4-15 外部中断服务子函数流程图

4.4.3 操作手册

读者可扫描右侧的二维码阅读本案例的操作手册，根据操作手册的指导完成本案例的演练。

电子烟花操作手册

4.4.4　举一反三

通过案例的学习，读者可以在理解案例的基础上进行一些拓展训练，思考以下几个问题该如何解决：

(1) 若 LED 的数量达 100 个以上，如何解决驱动问题？

(2) 若希望有更多的烟花绽放效果，该如何修改程序呢？

4.5　常见错误

读者可扫描右侧的二维码阅读本项目所列设计中可能会出现的常见错误，以便更深入地学习。

常见错误

小　结

本项目介绍了单片机中断系统的原理、中断源和中断标志、中断优先级、中断函数的编写及外部中断的应用等内容。

习　题

利用单片机控制按键触发 LED 发出莫尔斯电码求救，实现一个"SOS"呼救系统。系统开机时 LED 熄灭，即"SOS"呼救系统待机；按键按下 1 次则触发"SOS"呼救信号循环输出，按键再次按下则停止发送"SOS"呼救信号，然后按照上述要求循环工作。按键是否按下由外部中断方式识别。

提示：循环输出"SOS"呼救信号时，每一组"SOS"发送结束后停顿 1 s。

项目 5 美妙的声音——定时器及中断应用

5.1 项 目 综 述

5.1.1 项目意义及背景

当前，人们欣赏及创作音乐的渠道不再仅局限于实体的传统乐器，种类繁多的电子乐器及电子音乐不断地丰富着人们的生活，不论是非音乐专业人士还是音乐相关专业人士，都可以很方便地利用电子乐器来抒发自己的情感。随着电子产品生产技术的飞速发展，电子产品的成本也迅速降低，智能手机使得越来越多的普通人可以便捷地应用电子乐器。生活中电子音乐无处不在。传统乐器是利用实体物件的振动或空气柱的振动及腔体将声音扩大来产生美妙的音符。那么电子音乐是如何产生的呢？本项目将利用方波、嘀嘀声、叮咚声、电子琴和八音盒等案例循序渐进地为读者揭秘电子音乐的发声原理。

5.1.2 知识准备

1. 定时器/计数器应用

STC8 系列单片机有 5 个 16 位定时器/计数器，即 T0、T1、T2、T3 和 T4，它们都具有计数和定时两种工作模式。不同的定时器需利用不同的特殊功能寄存器相应控制位来选择定时器的工作模式：

(1) 定时器/计数器 T0 和 T1 用它们在 TMOD 中的 C/$\overline{\text{T}}$ 来选择；

(2) 定时器/计数器 T2 用 AUXR 中的控制位 T2_C/$\overline{\text{T}}$ 来选择；

(3) 定时器/计数器 T3 用 T4T3M 中的控制位 T3_C/$\overline{\text{T}}$ 来选择；

(4) 定时器/计数器 T4 用 T4T3M 中的控制位 T4_C/$\overline{\text{T}}$ 来选择。

定时器/计数器的核心部件是一个加法计数器，其本质是对脉冲进行计数，只是计数脉冲来源不同：如果计数脉冲来自系统时钟，则为定时模式，此时定时器/计数器每 12 个时钟或者每 1 个时钟得到一个计数脉冲，计数值加1；如果计数脉冲来自单片机外部引脚(T0为P3.4，T1为 P3.5，T2 为 P1.2，T3 为 P0.4，T4 为 P0.6)，则为计数模式，每来一个脉冲加，计数值1。

当定时器/计数器 T0、T1 及 T2 在定时模式工作时，特殊功能寄存器 AUXR 中的 T0x12、T1x12 和 T2x12 分别决定是系统时钟/12(12T，12分频，与传统 8051 单片机相同)还是系统时钟/1(不分频)后，让 T0、T1和T2 进行计数。当定时器/计数器 T3 和 T4 在定时模式工作时，特殊功能寄存器 T4T3M 中的 T3x12 和 T4x12 分别决定是系统时钟/12 还是系统时钟/1 后，让 T3 和 T4 进行计数。当定时器/计数器在计数模式工作时，对外部脉冲计数不分频。

定时器/计数器 T0 有 4 种工作方式：

(1) 方式 0 (16 位自动重装载方式)；

(2) 方式 1 (16 位不可重装载方式)；

(3) 方式 2 (8 位自动重装方式)；

(4) 方式 3 (不可屏蔽中断的 16 位自动重装载方式)。

定时器/计数器 T1 除方式 3 外，其他工作方式与定时器/计数器 T0 相同。T1 在方式 3 时无效，停止计数。定时器/计数器 T2、T3、T4 的工作方式均固定为 16 位自动重装载方式 (方式0)，它们可以当定时器使用，也可以当串口的波特率发生器和可编程时钟输出。

1) 定时器/计数器的相关寄存器

定时器/计数器的相关寄存器如表 5-1 所示，这里仅详细介绍定时器/计数器T0、T1的相关寄存器。定时器/计数器T2、T3、T4的相关寄存器请读者查阅STC8系列单片机数据手册。

表 5-1　定时器/计数器的相关寄存器

符号	描述	地址	位地址与符号								复位值
			B7	B6	B5	B4	B3	B2	B1	B0	
TCON	定时器控制寄存器	88H	TF1	TR1	TF0	TR0	IE1	IT1	IE0	IT0	0000,0000
TMOD	定时器模式寄存器	89H	GATE	C/$\overline{\text{T}}$	M1	M0	GATE	C/$\overline{\text{T}}$	M1	M0	0000,0000
TL0	定时器0低8位寄存器	8AH									0000,0000
TL1	定时器1低8位寄存器	8BH									0000,0000
TH0	定时器0高8位寄存器	8CH									0000,0000
TH1	定时器1高8位寄存器	8DH									0000,0000
AUXR	辅助寄存器1	8EH	T0x12	T1x12	UART_M0x6	T2R	T2_C/$\overline{\text{T}}$	T2x12	EXTRAM	S1ST2	0000,0001
INTCLKO	中断与时钟输出控制寄存器	8FH	—	EX4	EX3	EX2	—	T2CLKO	T1CLKO	T0CLKO	x000,x000

(1) 定时器/计数器T0、T1控制寄存器TCON。

TCON 为定时器/计数器 T0、T1 的控制寄存器，同时也锁存 T0、T1 溢出中断源和外部请求中断源等。TCON 的字节地址是 88H，即可字节寻址又可位寻址。复位时所有位清零，其格式如图 5-1 所示。

(MSB)	8FH	8EH	8DH	8CH	8BH	8AH	89H	88H
（88H）	TF1	TR1	TF0	TR0	IE1	IT1	IE0	IT0

定时器T0、T1　　　　　　　　　　外部中断

图 5-1　TCON 的格式

TF1：定时器/计数器T1溢出中断标志。T1 被允许计数以后，从初值开始加 1 计数。当最高位产生溢出时由硬件置"1" TF1，向 CPU 请求中断，一直保持到 CPU 响应中断时，才由硬件清"0" TF1 (TF1也可由程序查询清"0")。

TR1：定时器 T1 的运行控制位。该位由软件置位和清零。当GATE(TMOD.7)=0，TR1=1时就允许 T1 开始计数，TR1 = 0时禁止T1计数。当GATE(TMOD.7)=1，TR1=1 且 $\overline{INT1}$ 输入高电平时，才允许 T1 计数。

TF0：定时器/计数器 T0 溢出中断标志，其功能和操作情况同 TF1。

TR0：定时器 T0 的运行控制位，其功能和操作情况同 TR1。

IE1、IT1、IE0、IT0 分别是外部中断 0 和外部中断1 的请求标志位及触发方式选择位。

(2) 定时器/计数器T0、T1工作模式寄存器 TMOD。

定时器/计数器工作模式寄存器 TMOD 用于控制定时器/计数器 T0、T1 的工作模式和工作方式，高四位定义定时器/计数器 T1，低四位定义定时器/计数器 T0，它的格式如图 5-2 所示。TMOD 的字节地址是 89H，它不能位寻址，复位时各位为 0。

TMOD	D7	D6	D5	D4	D3	D2	D1	D0
（89H）	GATE	C/$\overline{T}$	M1	M0	GATE	C/$\overline{T}$	M1	M0

定时器T1　　　　　　　　　　定时器T0

图 5-2　TMOD 的格式

GATE 门控位：当 GATE=0 时，允许软件控制位 TR0 或 TR1 启动定时器开始工作，只要使 TCON 中的TR0(或TR1)置1，就可以启动定时器 T0(或T1) 工作。当 GATE=1 时，允许外部中断引脚启动定时器。即当 $\overline{INT0}$ (P3.2) 或 $\overline{INT1}$ (P3.3) 引脚为高电平且 TR0 或 TR1 置 1 时，才能启动定时器开始工作，即允许外部中断启动定时器。

C/$\overline{T}$：功能选择位，当C/$\overline{T}$=0 时，为定时功能；当C/$\overline{T}$=1 时，为计数功能。

M1 和 M0：定时器/计数器工作方式选择位，两位可组合成4种状态，分别对应4种工作方式，具体说明如表 5-2 所示。

表 5-2　定时器工作方式定义

M1	M0	工作方式	说　　明
0	0	0	16 位自动重装载定时器/计数器，当溢出时将 RL_THx 和 RL_TLx 存放的值自动重装入 THx 和 TLx 中
0	1	1	16 位不可重装载定时器/计数器，THx 和 TLx 全用
1	0	2	8 位自动重装载定时器/计数器，当溢出时将 THx 存放的值自动重装入 TLx
1	1	3	T0 为不可屏蔽中断的 16 位自动重装载定时器/计数器，T1 停止计数

注：x 为 0 或 1。

(3) 辅助寄存器AUXR。

STC8 系列单片机是 1T 的 8051 单片机，为兼容传统 8051，定时器/计数器 T0、T1、

T2 复位后是传统 8051 的速度，即 12T。但也可不进行 12 分频，通过设置新增加的特殊功能寄存器 AUXR，将 T0、T1、T2 设置为 1T。AUXR 的地址是 8EH，它不能位寻址，复位时各位为 0，其格式如图 5-3 所示。

AUXR	D7	D6	D5	D4	D3	D2	D1	D0
(8EH)	T0x12	T1x12	UART_M0x6	T2R	T2_C/$\overline{T}$	T2x12	EXTRAM	S1ST2

图 5-3 AUXR 的格式

T0x12：定时器/计数器 T0 速度控制位。为 0 时定时器/计数器 T0 速度是传统 8051 单片机定时器的速度，即 12T；为 1 时定时器/计数器 T0 速度是传统 8051 单片机定时器速度的 12 倍，即 1T 不分频。

T1x12：定时器/计数器 T1 速度控制位。其控制与 T0x12 相同。

如果 UART1/串口 1 用定时器/计数器 T1 作为波特率发生器，则由 T1x12 位决定 UART1/串口 1 是 12T 还是 1T，UART1/串口 1 的速度由 T1 的溢出率决定。

UART_M0x6：串口 1 方式 0 的通信速度设置位。为 0 时 UART1/串口 1 方式 0 的速度是传统 8051 单片机串口的速度，即 12 分频；为 1 时 UART1/串口 1 方式 0 的速度是传统 8051 单片机串口速度的 6 倍，即 2 分频。

T2R：定时器/计数器 T2 允许控制位。为 0 时不允许定时器/计数器 T2 运行，为 1 时允许定时器/计数器 T2 运行。

T2_ C/$\overline{T}$：控制定时器/计数器 T2 用作定时器或计数器。为 0 时用作定时器(对内部系统时钟进行计数)，为 1 时用作计数器(对引脚 T2/P3.1 的外部脉冲进行计数)。

T2x12：定时器/计数器 T2 速度控制位。为 0 时定时器/计数器 T2 的速度是传统 8051 单片机定时器的速度，即 12T；为 1 时定时器/计数器 T2 的速度是传统 8051 单片机定时器速度的 12 倍，即 1T 不分频。

EXTRAM：内部/外部 RAM 存取控制位。为 0 时允许使用内部扩展的 1024B 扩展 RAM；为 1 时禁止使用内部扩展的 1024B 扩展 RAM。

S1ST2：串口 1(UART1)选择定时器/计数器 T1/T2 作波特率发生器的控制位。为 0 时选择定时器/计数器 T1 作为串口 1(UART1)的波特率发生器；为 1 时选择定时器/计数器 T2 作为串口 1(UART1)的波特率发生器，此时定时器/计数器 T1 得到释放，可以作为独立定时器使用。

(4) 定时器/计数器 T0、T1 的计数寄存器。

TH0/TL0 为定时器/计数器 T0 的计数寄存器，当定时器/计数器 T0 在方式 0/1/3 工作时，TH0 和 TL0 组合成为一个 16 位寄存器，TH0 为高字节，TL0 为低字节。当定时器/计数器 T0 在方式 2 工作时，TH0 和 TL0 为两个独立的 8 位寄存器。

TH1/TL1 为定时器/计数器 T1 的计数寄存器，当定时器/计数器 T1 在方式 0/1 工作时，TH1 和 TL1 组合成为一个 16 位寄存器，TH1 为高字节，TL1 为低字节。当定时器/计数器 T1 在方式 2 工作时，TH1 和 TL1 为两个独立的 8 位寄存器。

(5) 与定时器/计数器T0、T1相关的中断寄存器。

STC8 系列单片机提供了 22 个中断请求源，与 STC8 系列单片机中断相关的所有寄存器有很多，与定时器/计数器相关的中断寄存器有 6 个，即 IE、IE2、INTCLKO、IP、IPH 和 AUXINTIF。这里仅以定时器/计数器 T0、T1 为例详细介绍与其相关的中断寄存器 IE、

IP 和 IPH。STC8 系列单片机中断系统的部分结构图如图 5-4 所示,各中断源对应的中断向量地址在表 5-3 中列举了一部分。

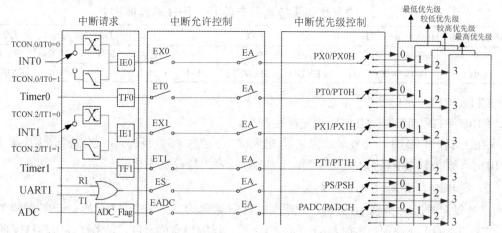

图 5-4 STC8 系列单片机前 6 个中断源对应的中断结构

表 5-3 STC8 系列单片机部分中断源对应的向量地址

中断源	中断向量地址	相同优先级内的查询次序	中断优先级设置(IPH,IP)	中断请求标志位	中断允许控制位
INT0(外部中断 0)	0003H	0 (highest)	PX0H, PX0	IE0	EX0/EA
Timer 0	000BH	1	PT0H, PT0	TF0	ET0/EA
INT1(外部中断 1)	00013H	2	PX1H, PX1	IE1	EX1/EA
Timer 1	001BH	3	PT1H, PT1	TF1	ET1/EA
UART1	0023H	4	PSH, PS	RI+TI	ES/EA
ADC	002BH	5	PADCH,PADC	ADC_FLAG	EADC/EA

定时器/计数器 T0、T1 用作计数器时,其中断请求信号由引脚 P3.4/P3.5 输入;用作定时器时,其中断请求信号取自单片机内部的定时脉冲。当 TF0/TF1 为 1 时提出中断请求,在 CPU 响应中断后,由中断机构硬件自动撤销中断请求标志 TF0/TF1。

项目 4 已经介绍了中断允许寄存器 IE 和中断优先级控制寄存器 IP、IPH,它们均可位寻址。中断允许寄存器 IE 的具体定义如表 5-4 所示,中断优先级控制寄存器 IP/IPH 的具体定义如表 5-5 所示。

表 5-4 中断允许寄存器 IE 的具体定义

寄存器名称	地址	D7	D6	D5	D4	D3	D2	D1	D0
IE	A8H	EA	ELVD	EADC	ES	ET1	EX1	ET0	EX0

EA:CPU 的总中断允许控制位,EA=1,CPU 开放中断;EA=0,CPU 屏蔽所有的中断申请。EA 的作用是使中断允许形成多级控制,即各中断源首先受 EA 控制,其次还受各中断源各自的中断允许控制位控制。

ET1:定时器/计数器 T1 的溢出中断允许位,ET1=1,允许 T1 中断;ET1=0,禁止 T1 中断。

ET0：定时器/计数器 T0 的溢出中断允许位，ET0=1，允许 T0 中断；ET0=0，禁止 T0 中断。

表 5-5　中断优先级控制寄存器 IP、IPH 的具体定义

寄存器名称	地址	D7	D6	D5	D4	D3	D2	D1	D0
IP	B8H	PPCA	PLVD	PADC	PS	PT1	PX1	PT0	PX0
IPH	B7H	PPCAH	PLVDH	PADCH	PSH	PT1H	PX1H	PT0H	PX0H

PT1H, PT1：定时器 T1 中断优先级控制位。

PT0H, PT0：定时器 T0 中断优先级控制位。

当控制位为 00 时，设为最低优先级(优先级 0)；为 01 时，设为较低优先级(优先级 1)；为 10 时，设为较高优先级(优先级 2)；为 11 时，设为最高优先级(优先级 3)。

2) 定时器/计数器的工作原理

此处以定时器/计数器 T0 为例，介绍定时器/计数器的工作原理，其他定时器/计数器 T1、T2、T3、T4 的工作原理与定时器/计数器 T0 一致，详细内容读者可以参考江苏国芯科技有限公司提供的 STC8 系列单片机技术数据手册。定时器/计数器 T0 的工作原理结构框图如图 5-5 所示，其核心是一个 16 位的加法计数器，当启动后就从设定的计数初值开始，每个计数脉冲下加 1 计数 1 次，计数器计数达到最大值后归零，寄存器 TCON 中的溢出标志位(TF0)置 1，当定时器中断使能时自动产生溢出中断请求。计数的脉冲来源有两个，一个是系统的振荡脉冲，一个由外部脉冲信号产生。计数脉冲的不同，对应着定时和计数的功能不同。

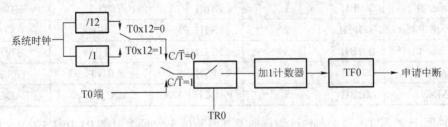

图 5-5　定时器/计数器 T0 工作原理结构框图

加法计数器是计数溢出时才申请中断，所以在给计数器赋初值时，不能直接输入所需的计数值，而应输入计数器的最大值与这一计数值的差值。假设计数最大值为 M，计数值为 N，初值为 X，则 X 的计数方法如下：

计数状态：$X = M - N$。

定时状态：$X = M -$ 定时时间/Tx，其中 T0x12=0 时，Tx=12T；当 T0x12=1，Tx=1T。

定时器/计数器是单片机中工作相对独立的部件，当将其设定为某种工作方式并启动后，它就会独立进行计数，不再占用 CPU 时间，直到溢出，向 CPU 申请中断处理。定时器/计数器的工作是受特殊功能寄存器的相关控制位控制的，在工作之前，CPU 必须将命令写入寄存器，并给计数器置初值。

3) 定时器/计数器 T0 的工作方式 0

通过对寄存器 TMOD 中的 M1(TMOD.1)、M0(TMOD.0)的设置，定时器/计数器 T0 有 4 种不同的工作方式。工作方式的不同，计数长度(即最大值 M)和计数方式不同。由于常用的工作方式是方式 0，故接下来详细介绍定时器/计数器 T0 的工作方式 0。

定时器/计数器 T0 在工作方式 0 下，作为可自动重装载的 16 位计数器，此工作方式下的逻辑结构如图 5-6 所示。

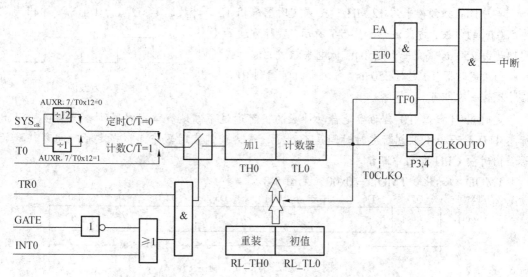

图 5-6　定时器/计数器 T0 工作方式 0 下的逻辑结构框图

当 GATE=0(TMOD.3)时，如 TR0=1，则定时器计数。当 GATE=1 时，允许由外部输入 $\overline{INT0}$ 控制定时器 T0，计数器要等到 $\overline{INT0}$ 引脚为高电平才开始计数，当 $\overline{INT0}$ 引脚为低电平时立即停止计数，这样可以实现脉宽测量。

当 $C/\overline{T}$=0 时，多路开关连接到系统时钟的分频输出，T0 对时钟周期计数，T0 在定时方式工作。当 $C/\overline{T}$=1 时，多路开关连接到外部脉冲输入 P3.4/T0，即 T0 在计数方式工作。

工作在定时器功能时的计数速率由特殊功能寄存器 AUXR 中的 T0x12 位决定，如果 T0x12=0，则 T0 在 12T 模式工作；如果 T0x12=1，则 T0 在 1T 模式工作。

当定时器 T0 在方式 0(TMOD[1:0]/[M1,M0]=00B) 工作时，[TL0,TH0]的溢出不仅置位 TF0，同时会自动将[RL_TL0，RL_TH0]的内容重新装入[TL0,TH0]。

当 T0CLKO/INT_CLKO.0=1 时，P3.4/T0 管脚配置为定时器 T0 时钟输出 T0CLKO。

$$输出时钟频率 = \frac{T0溢出率}{2}$$

如果 $C/\overline{T}$=0，定时器/计数器 T0 对内部系统时钟计数，则：

① T0 在 1T 模式(AUXR.7/T0x12 = 1) 工作时的输出时钟频率为

$$F = \frac{SYS_{clk}}{(65536 - [RL\_TH0, RL\_TL0]) / 2}$$

② T0 在 12T 模式(AUXR.7/T0x12 = 0) 工作时的输出时钟频率为

$$F = \frac{SYS_{clk} / 12}{(65536 - [RL\_TH0, RL\_TL0]) / 2}$$

如果 $C/\overline{T}$ = 1，定时器/计数器 T0 对外部脉冲输入(P3.4/T0)计数，则：

$$输出时钟频率 = \frac{T0\_Pin\_CLK}{(65536 - [RL\_TH0, RL\_TL0]) / 2}$$

【例 5-1】 已知单片机晶振频率 12 MHz，利用 T0 的工作方式 0 在 P1.0 引脚输出周期为 500 μs 的方波。

单片机晶振频率采用 12 MHz，如果定时器采用 12 T 计数速率，T_{CY} 为 1 μs。要输出周期为 500 μs 的方波，方波波形如图 5-7 所示，实际方波的 1 个周期是由 250 μs 高电平和 250 μs 低电平组成的波形，所以可以利用定时器 T0 定时 250 μs，每次定时时间到 P1.0 输出信号反转一次即可。

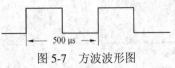

图 5-7　方波波形图

定时器/计数器 T0 启动后是自动计数的，可通过不断地查询定时器/计数器 T0 的溢出标志 TF0 是否为 1 来判断定时时间是否到了，或者使能定时器中断，当定时时间到、计数器溢出时向 CPU 发出中断请求。

TMOD 初始化：TMOD = 0x00，见图 5-8。

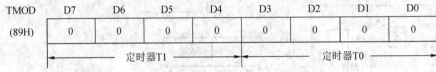

TMOD	D7	D6	D5	D4	D3	D2	D1	D0
(89H)	0	0	0	0	0	0	0	0
	定时器T1				定时器T0			

图 5-8　工作方式 0 控制字

$$计数初值 = 2^{16} - 欲计数脉冲数 = 2^{16} - \frac{T}{T_{CY}} = 2^{16} - 250 = 0xFF06$$

所以 TH0 = 0xFF，TL0 = 0x06。

查询方式初始化函数如下：

```
void Timer0Init(void)
{
    TMOD = 0x00;      //配置定时器/计数器 T0 工作模式：定时，工作方式 0
    TH0 = 0xFF;       //设置定时器/计数器 T0 初值高 8 位
    TL0 = 0x06;       //设置定时器/计数器 T0 初值低 8 位
    TR0 = 1;          //启动定时器/计数器 T0
}
```

中断方式初始化函数如下：

```
void Timer0Init(void)
{
    TMOD = 0x00;      //配置定时器/计数器 T0 工作模式：定时，工作方式 0
    TH0 = 0xFF;       //设置定时器/计数器 T0 初值高 8 位
    TL0 = 0x06;       //设置定时器/计数器 T0 初值低 8 位
    TR0 = 1;          //启动定时器/计数器 T0
    EA = 1;           //使能中断总允许位
    ET0 = 1;          //使能定时器/计数器 T0 的中断允许位
}
```

2. 音频与定时器

1) 蜂鸣器工作原理及应用

蜂鸣器是一种一体化结构的电子讯响器，它作为发声器件广泛应用于计算机、打印机、复印机、报警器、电话机等电子产品。蜂鸣器主要分为压电式蜂鸣器和电磁式蜂鸣器两种类型。

压电式蜂鸣器主要由多谐振荡器、压电蜂鸣片、阻抗匹配器及共鸣箱、外壳等组成。多谐振荡器由晶体管或集成电路构成，当接通电源(1.5～15 V 直流工作电压)后，多谐振荡器起振，输出 1.5～2.5 kHz 的音频信号，阻抗匹配器推动压电蜂鸣片发声。压电式蜂鸣器的外形如图 5-9(a)所示。

电磁式蜂鸣器出振荡器、电磁线圈、磁铁、振动膜片、外壳等组成。接通电源后，振荡器产生的音频信号电流通过电磁线圈，使电磁线圈产生磁场，振动膜片在电磁线圈和磁铁的相互作用下，周期性地振动发声。电磁式蜂鸣器的外形如图 5-9(b)所示。

(a) 压电式   (b) 电磁式

图 5-9 蜂鸣器实物图

蜂鸣器分为有源蜂鸣器和无源蜂鸣器。有源蜂鸣器，内部有振荡、驱动电路。有源蜂鸣器工作的理想信号是直流电，通常标示为 VCC、VDD 等。有源蜂鸣器内部有一个简单的振荡电路，能将恒定的直流电转化成一定频率的脉冲信号，从而输出磁场交变，带动钼片振动发音。由于有源蜂鸣器内部振荡电路的频率是固定的，因此不能改变发音的音调，只能发出一种单音。无源蜂鸣器内部不带振荡源，所以直流信号无法令其鸣叫。无源蜂鸣器工作的理想信号是方波，而且方波的频率不同，发出的音调就不同。

电磁式蜂鸣器发声原理是电流通过电磁线圈，使电磁线圈产生磁场来驱动振动膜发声，因此需要一定的电流才能驱动它。单片机 I/O 口输出的电流较小，基本上驱动不了蜂鸣器，因此需要增加一个电流放大电路。通常采用三极管来放大信号驱动蜂鸣器，其原理图如图 5-10 所示。

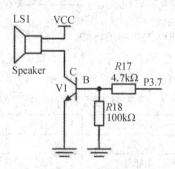

图 5-10 电磁式蜂鸣器驱动电路

图 5-10 中蜂鸣器的正极接＋5 V 电源，蜂鸣器的负极接三极管的集电极 C，三极管的基极 B 经过限流电阻 R17 后由单片机的 P3.7 端口控制，当 P3.7 端口输出低电平时，三极管 V1 截止，没有电流流过线圈；当 P3.7 端口输出高电平时，三极管 V1 导通，这样蜂鸣器的电流形成回路。因此，可以通过程序控制 P3.7 脚的输出信号以便控制蜂鸣器的工作。

程序中，改变单片机 P3.7 端口输出波形的频率就可以调整控制蜂鸣器音色、音调，产生各种不同音色、音调的声音。另外，改变 P3.7 输出电平的占空比，可以控制蜂鸣器声音的大小，这些都可以通过编程实验来验证。

2) 音调与频率

无源蜂鸣器可利用方波信号来驱动，而且方波的频率不同，发出的音调也不同。音调的高低取决于方波的频率大小，频率越大，音调越高；频率越小，音调越低。

要产生音频脉冲，只要算出某一音频的周期(1/频率)，然后将此周期除以 2，即为半周期的时间。利用定时器计时这个半周期时间，每当计时时间到就将输出脉冲的 I/O 口取反，然后重复计时此半周期时间再对 I/O 口取反，就可在 I/O 口上得到此频率的脉冲。可以采用 STC8 系列单片机的内部定时器 T0 使其工作在定时模式工作方式 0 下，改变计数值 TH0 及 TL0 以产生不同频率的方法。

假设单片机系统的晶振频率为 6 MHz，系统时钟采用 12 分频，那么要输出频率为 523 Hz(中音 DO)的方波，其周期 $T=1/523=1912$ μs，因此只要令计数器计数 1912 μs /2/(2 μs) = 478(次)，在每计数 478 次时将 I/O 口取反，就可以得到中音 DO(523 Hz)。那么定时器应从 65058 初值开始计数。

由此，可以总结出计数脉冲值与频率的关系如下：

$$N = \frac{F_i / 2}{F_r} \tag{5-1}$$

式中　N——计数值；
　　　F_i——单片机的机器频率；
　　　F_r——需产生音频信号的频率。

定时器/计数器初值的算法如下：

$$T = K - N = K - \frac{F_i / 2}{F_r} \tag{5-2}$$

假设 $K=65536$，$F_i=0.5$ MHz，求低音 DO(262 Hz)对应的定时器需设置的初值。

$$T = 65536 - \frac{F_i / 2}{F_r} = 65536 - \frac{500000 / 2}{F_r} = 65536 - \frac{250000}{F_r}$$

得低音 DO 的 $T = 65536 - 250000/262 \approx 64582$。

若选取上面的假设值，则 C 调各音符频率与计数值 N 的对照见表 5-6。每隔 8 度频率加倍，如低音 5SO 频率是 392 Hz，那么高 8 度中音 5SO 频率是 784 Hz。

表 5-6　C 调各音符频率与计数值 N 对照表

音符	频率/Hz	简谱码 T 值	音符	频率/Hz	简谱码 N 值
低 1DO#	262	64582	#4FA#	740	65198
#1DO#	277	64630	中 5SO	784	65217
低 2RE	294	64680	#5SO#	831	65235
#2RE#	311	64732	中 6LA	880	65252
低 3MI	330	64778	#6 LA#	932	65268
低 4FA	349	64820	中 7SI	988	65283
#4FA#	370	64860	高 1DO	1046	65297
低 5SO	392	64898	#1DO#	1109	65311

续表

音符	频率/Hz	简谱码 T 值	音符	频率/Hz	简谱码 N 值
#5SO#	415	64934	高 2RE	1175	65323
低 6LA	440	64968	#2RE#	1245	65335
#6 LA#	466	65000	高 3MI	1318	65346
低 7SI	494	65030	高 4FA	1397	65357
中 1DO	523	65058	#4FA#	1480	65367
#1DO#	554	65085	高 5SO	1568	65377
中 2RE	587	65110	#5SO#	1661	65385
#2RE#	622	65134	高 6LA	1760	65394
中 3MI	659	65157	#6 LA#	1865	65402
中 4FA	698	65178	高 7SI	1967	65409

5.2 案例 1——查询方式输出方波

5.2.1 任务分析

查询方式输出方波案例的具体要求是利用定时器 T0 的工作方式 0 定时 10 ms，通过查询的方式得到定时时间，从 P1.0 端口输出周期为 20 ms 的方波。

本案例的仿真电路图如图 5-11 所示，它包含单片机最小系统和虚拟示波器；它的仿真效果图如图 5-12 所示，当系统工作时，可在虚拟示波器上观测到波形。读者可扫描右侧的二维码观看本案例的演示效果。

查询方式输出方波效果演示

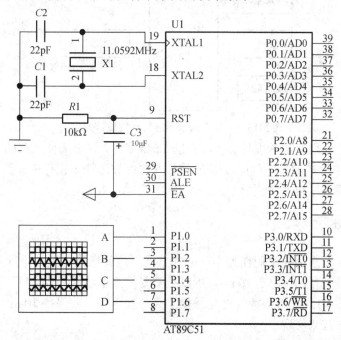

图 5-11 查询方式输出方波仿真电路图

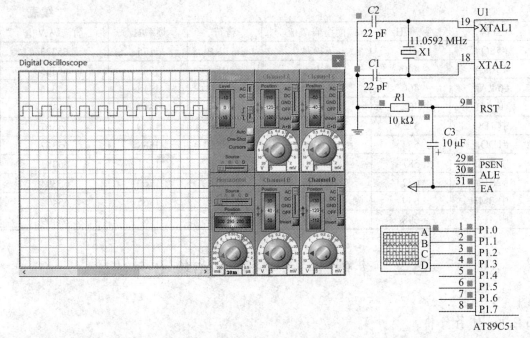

图 5-12　查询方式输出方波仿真效果图

本案例的系统设计方案如图 5-13 所示,系统的核心控制器是单片机,单片机工作需要电源电路、时钟电路和复位电路。本案例通过定时器生成周期为 20 ms 的方波,具体波形图可在虚拟示波器上观测。

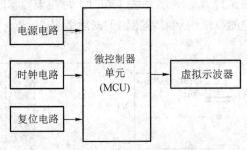

图 5-13　查询方式输出方波系统设计方案

虚拟示波器的使用可参考项目 2 会呼吸的 LED 案例,这里需要注意的是,可通过在左下角 Source 窗口中直接输入 20 m,来快速调整左侧的波形输出窗口中栅格的时间轴(横轴)的比例系数,以便更好地观测波形,见图 5-12。

5.2.2　案例分析

本案例的设计要求为输出周期为 20 ms 的方波,这就意味着在 1 个周期波形中高电平和低电平的时间是一样的,都是 10 ms,所以只需要控制单片机的 I/O 口每 10 ms 输出信号翻转一次即可,即 P1.0 端口规律性地交替输出高、低电平,并保持 10 ms,本案例要求时间用定时器查询方式来实现。

这里需要特别注意的是,实物使用的是 STC8A8KS464A12 单片机,因此使用其定时器/计数器 T0 定时模式的工作方式 0 来实现定时 10 ms 时,定时器 T0 可 16 位自动重装。而仿真使用的是 AT89C51 单片机,此款单片机没有 16 位自动重装功能,只能使用其定时器/计数器 T0 定时模式的工作方式 1 来实现 16 位计时。本项目的后续案例中均有上述区别,请读者仔细分析。

定时器查询方式工作时初始化包含:

(1) 向 TMOD 中写入工作方式控制字;

(2) 向定时器/计数器 TH0、TL0 装入初值;

(3) 启动定时器/计数器(TR0 置为 1)。

CPU 通过不断查询定时器/计数器的溢出标志 TF0 是否为 1,来判断定时时间是否到达。若溢出标志为 1,则表示定时时间已到,需清除溢出标志,即将 TF0 置为 0,并完成定时时间到达后相应需完成的工作。

查询方式输出方波流程图如图 5-14 所示,系统开始工作后,先初始化,判断循环条件是否成立,然后判断定时器是否溢出,若没有溢出则循环判断是否溢出,直至定时器溢出;一旦定时器溢出了,软件就清除溢出标志,并将 I/O 端口取反,然后又回到判断定时器是否溢出,这样周而复始,将在单片机 I/O 端口出现周期为 20 ms 的方波。

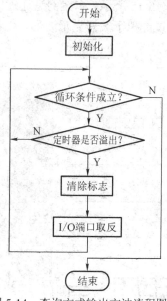

图 5-14　查询方式输出方波流程图

5.2.3　操作手册

读者可扫描右侧的二维码阅读本案例的操作手册,根据操作手册的指导完成本案例的演练。

查询方式输出方波
操作手册

5.2.4　举一反三

通过案例的学习,读者可以在理解案例的基础上进行一些拓展训练,思考以下几个问题该如何解决:

(1) 若分别从 P1.1 端口和 P1.0 端口输出对称的方波，即 P1.0 端口为高电平时，P1.1 端口为低电平，反之同理，该如何编程呢？

(2) 若以自己出生年份的末尾两位数(时间单位为 ms)作为单片机 P1.0 端口输出方波的周期，该如何编程呢？

(3) 若想随时可调整单片机 P1.0 端口输出矩形波的占空比，又该如何编程呢？

5.3　案例 2——中断方式输出方波

5.3.1　任务分析

中断方式输出方波案例的具体要求是利用定时器 T0 的工作方式 0 定时 50 ms，通过中断的方式响应定时时间，从 P1.0 端口输出周期为 100 ms 的方波。

本案例的系统设计方案、仿真电路图和 5.2 节案例 1 查询方式输出方波是一样的，其仿真效果图如图 5-15 所示。本案例是通过定时器中断方式生成周期为 100 ms 的方波，通过虚拟示波器显示波形。读者可扫描右侧的二维码观看本案例的演示效果。

中断方式输出方波
效果演示

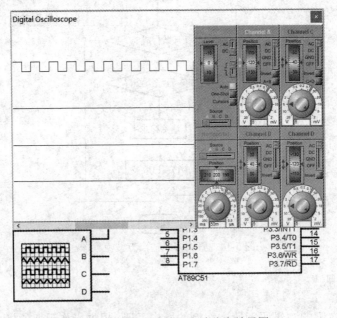

图 5-15　中断方式输出方波仿真效果图

5.3.2　案例分析

本案例的目的是应用定时器的中断方式，因此读者首先需要了解一些与定时器中断相关的寄存器，请回顾 5.1.2 节知识准备的相关内容。

定时器中断方式工作时初始化过程包含：

(1) 向 TMOD 中写入工作方式控制字;

(2) 向定时器/计数器 TH0、TL0(或 TH1、TL1)装入初值;

(3) 启动定时器/计数器(TR0/TR1 置为 1);

(4) 如采用中断方式,置位 EA、IP、IPH 等中断寄存器。

注意:CPU 自动查询 TF0/TF1 是否变为 1,变为 1 后,CPU 自动转到中断服务程序去执行程序。执行完后,TF0/TF1 自动变为 0。

定时器的中断服务函数格式为

函数类型　函数名( ) interrupt　中断编号(中断向量地址)

{

　　　可执行语句

}

本案例的软件设计思路:系统开机后进行初始化(包含定时器初始化),然后进入主循环,等待定时器中断请求信号,一旦定时器提出中断请求,则进入定时器中断服务函数执行,当定时器中断服务函数执行结束后,程序将再次回到主循环。本案例的软件设计流程图包含图 5-16 所示的主流程图、图 5-17 所示的定时器初始化流程图和图 5-18 所示的定时器中断服务函数流程图。

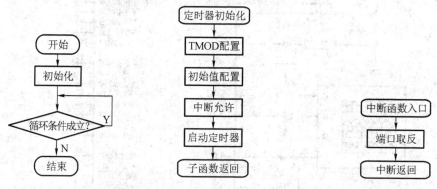

　　图 5-16　主流程图　　　图 5-17　定时器初始化流程图　　图 5-18　定时器中断服务函数流程图

5.3.3　操作手册

读者可扫描右侧的二维码阅读本案例的操作手册,根据操作手册的指导完成本案例的演练。

中断方式输出方波
操作手册

5.3.4　举一反三

通过案例的学习,读者可以在理解案例的基础上进行一些拓展训练,思考以下几个问题该如何解决:

(1) 若分别从 P0.1 端口和 P0.0 端口输出对称的方波,即 P0.0 端口为高电平时,P0.1 端口为低电平,反之同理,该如何编程呢?

(2) 若以自己出生年份的末尾两位数(时间单位为 ms)作为单片机 P0.0 端口输出方波的周期,该如何编程呢?

(3) 若想随时可调整单片机 P0.0 端口输出矩形波的占空比，又该如何编程呢?

5.4　案例 3——嘀嘀声

5.4.1　任务分析

嘀嘀声案例的具体要求是利用定时器 T0 的工作方式 0 定时合适的时间，通过中断的方式响应定时时间，从 P1.0 端口输出频率信号控制无源蜂鸣器发出嘀嘀声。

本案例的仿真电路图如图 5-19 所示，系统设计方案如图 5-20 所示，当系统工作时，蜂鸣器会不断地发出嘀嘀声。读者可扫描右侧的二维码观看本案例的演示效果。

嘀嘀声效果演示

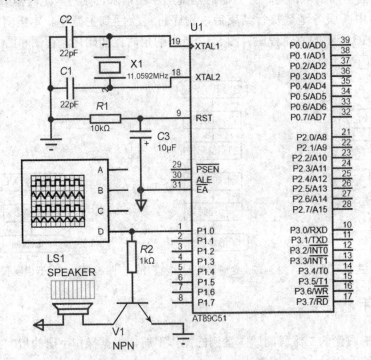

图 5-19　嘀嘀声仿真电路图

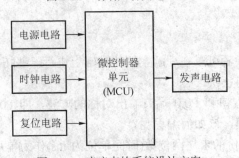

图 5-20　嘀嘀声的系统设计方案

5.4.2　案例分析

　　无源蜂鸣器不能自己振荡发声，它需要外界提供一个振荡信号才能发声，根据振荡信号频率不同，声音的高低会有不同。因此能控制单片机端口输出固定频率的方波即可驱动无源蜂鸣器发声。本案例的软件设计思路如图 5-21～图 5-23 所示。

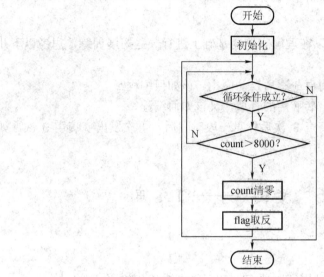

图 5-21　主函数流程图

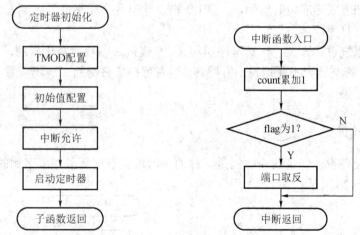

图 5-22　定时器初始化流程图　　　图 5-23　定时器中断服务函数流程图

　　系统开机后，首先初始化(包含定时器初始化)，然后判断主循环是否成立，若不成立则结束程序的执行，若成立则判断 count 是否大于 8000(判断输出给蜂鸣器的频率信号的维持时间是否到达)，若 count>8000 则 flag 取反，并将 count 清零，重新计数。定时器初始化函数实现的是对定时器工作模式及工作方式的设置，给定时器赋初值，配置定时器采用中断方式工作，并启动定时器。定时器中断服务函数实现的是每次送给蜂鸣器的频率信号的半周期时间到达时，对 count 进行累计，并判断 flag 是否为 1。若 flag 为 1 则驱动蜂鸣器的 I/O 端口信号取反，驱使蜂鸣器发声；若 flag 为 0 则 I/O 端口保持不变，蜂鸣器不发声。

5.4.3　操作手册

读者可扫描右侧的二维码阅读本案例的操作手册，根据操作手册的指导完成本案例的演练。

嘀嘀声操作手册

5.4.4　举一反三

通过案例的学习，读者可以在理解案例的基础上进行一些拓展训练，思考以下几个问题该如何解决：

(1) 若要求蜂鸣器发出嘀嘀声 3 次后自动停止，该如何编程？

(2) 若要求改变蜂鸣器发出嘀嘀声的音调，又该如何编程？

(3) 若要求蜂鸣器发出嘀嘀声 3 次后休息一段时间后，再次发出嘀嘀声 3 次，如此循环工作，又该如何编程？

5.5　案例 4——叮咚声

5.5.1　任务分析

叮咚声案例的具体要求是利用定时器 T0 的工作方式 0 定时合适的时间，通过中断的方式响应定时时间，从 P1.0 端口输出两个频率信号控制无源蜂鸣器发出叮咚声。

叮咚声效果演示

本案例的系统设计方案、仿真电路图和 5.4 节案例 3 嘀嘀声是一样的，当系统工作时，蜂鸣器会不断地发出叮咚声。读者可扫描右侧的二维码观看本案例的演示效果。

5.5.2　案例分析

本案例的硬件设计和嘀嘀声案例是一样的，这里就不重复了。本案例的软件设计思路如图 5-24～图 5-26 所示。

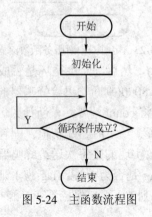

图 5-24　主函数流程图

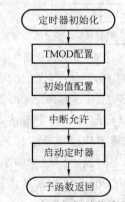

图 5-25　定时器初始化流程图

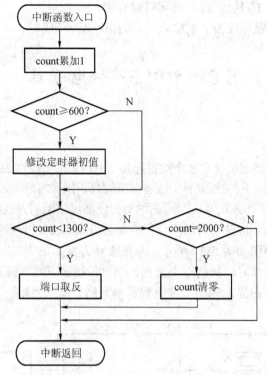

图 5-26 定时器中断服务函数流程图

系统开机后，首先进行初始化(包含定时器初始化，前面已经介绍了，这里就不重复了)，因为本案例需要能清楚地听见蜂鸣器发出两种声音，所以应分时使蜂鸣器发出"叮""咚"声，并在下次响起"叮咚"声之前，让蜂鸣器停止发声一段时间。故定时器的中断服务函数需要实现两种频率对应的半周期时间定时，这里利用 count 变量来控制。

当 count<600 时，定时器定时"叮"对应的半周期时间，I/O 端口输出方波，蜂鸣器发出"叮"声，即中断服务函数首先重装初值为"叮"对应的半周期时间的初始值。

当 600≤count<1300 时，定时器定时"咚"对应的半周期时间，I/O 端口输出方波，蜂鸣器发出"咚"声，因此需修改定时器初始值。

当 1300≤count<2000 时，I/O 端口保持不变，蜂鸣器不发声。

当 count=2000 时，count 重置为 0，重新计数，重复上面各步骤。

5.5.3 操作手册

读者可扫描右侧的二维码阅读本案例的操作手册，根据操作手册的指导完成本案例的演练。

叮咚声操作手册

5.5.4 举一反三

通过案例的学习，读者可以在理解案例的基础上进行一些拓展训练，思考以下几个问题该如何解决：

(1) 你能不能修改代码，用不一样的程序代码实现本案例的要求呢？

(2) 若要将定时器 T0 换成 T1，该如何编程呢？

(3) 若想将蜂鸣器发声改为"嘀嘀嗒"，该如何修改代码呢？

5.6 案例 5——电子琴

5.6.1 任务分析

电子琴案例的具体要求是设定 8 个按键连接于 P2 端口对应"1234567i" 8 个音符，单片机读取按键状态并识别按下的按键(多个按键按下时只识别音符靠前的按键的状态)，获得按键状态后，定时器 T0 用工作方式 0 定时合适的时间，通过中断的方式响应定时时间，从 P1.0 端口输出相应的音符频率信号控制无源蜂鸣器发出音符声。

本案例的仿真电路图如图 5-27 所示，系统设计方案如图 5-28 所示。系统工作时，当无按键动作时，蜂鸣器不发声，当有按键按下时，蜂鸣器发出对应的音符声，读者可扫描右侧的二维码观看本案例的演示效果。

电子琴效果演示

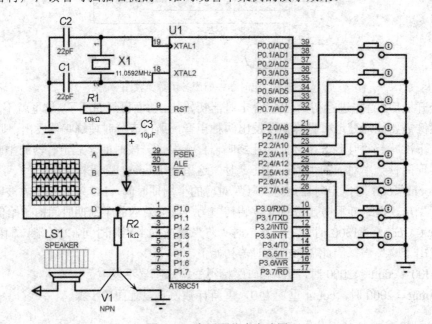

图 5-27　电子琴仿真电路图

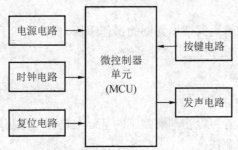

图 5-28　电子琴系统设计方案

5.6.2　案例分析

本案例要求每个按键和一个音符对应，当按键按下，则由蜂鸣器输出对应音符的声音。音调和频率之间的关系在 5.1.2 节知识准备的"音频与定时器"中已介绍。

假设单片机的晶振是 6 MHz，定时器工作在 12T 的计数速率，需要计算出不同频率方波的半周期，再计算定时半周期时定时器的初值。每个按键对应不同的音调，当按键按下时，给定时器赋初值，并启动定时器；当按键松开时，关闭定时器。当按键按下时，定时器启动，当定时器溢出中断时，在中断服务程序使 P1.0 端口取反，实现输出方波(音频信号)。

按键所对应的音频信号的频率及定时器定时初值读者可在表 5-6 中查阅参考值。

本案例的软件设计思路如图 5-29～图 5-32 所示。

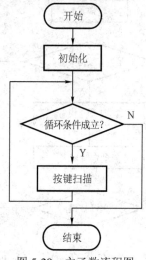

图 5-29　主函数流程图

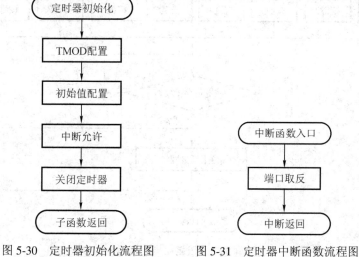

图 5-30　定时器初始化流程图　　　图 5-31　定时器中断函数流程图

　　系统上电后先初始化(包含定时器初始化)，然后判断主循环是否成立，若循环不成立则程序结束，若循环成立则执行按键扫描，再次回到循环条件判断。这里需要注意的是，定时器初始化过程中只需配置好 TMOD 和定时器计数初值，打开中断允许，关闭定时器。按键扫描要实现的是扫描所有按键端口，然后判断是否有按键按下，若没有按键按下，则直接返回；若有按键按下，则启动定时器，然后利用 switch 语句判断是哪一个按键按下，根据不同的按键值，配置对应音频信号的定时器初值， 然后判断按键是否释放，若没有释放则一直扫描等待按键释放，若按键释放了则关闭定时器，按键扫描子函数返回。定时器一旦启动，当定时时间达到后，系统就会自动进入定时器中断函数，I/O 端口取反。若仿真则需要重装初值，若用实物就无须重装初值，因为 ST8 定时器 T0 的工作方式 0 可自动重装。

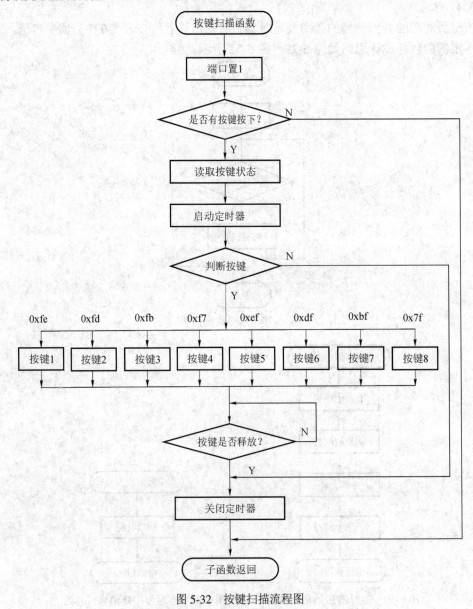

图 5-32　按键扫描流程图

5.6.3 操作手册

读者可扫描右侧的二维码阅读本案例的操作手册,根据操作手册的指导完成本案例的演练。

电子琴操作手册

5.6.4 举一反三

通过案例的学习,读者可以在理解案例的基础上进行一些拓展训练,思考以下几个问题该如何解决:

(1) 能否修改代码,用不一样的程序代码实现本案例的要求?

(2) 能否增加一个按键,通过按按键来切换 8 个音符的起始音符的低、中、高音?如果可以,该如何编程?

(3) 当有多个按键同时按下时,能否增加复合音?如果可以,又该如何编程呢?

5.7 案例 6——八音盒

5.7.1 任务分析

八音盒案例的具体要求是利用单片机控制蜂鸣器演奏生日快乐歌。读者可利用数组 A(名字自定)存储音符对应的定时周期值,定时器 T0 用工作方式 0 依据所选择数组元素产生合适的时间,通过中断的方式响应定时时间,从 P1.0 端口输出相应的音符频率信号控制无源蜂鸣器发出音符声。利用数组 B(名字自定)存储节拍对应的定时周期值,定时器 T1 用工作方式 0 依据所选择数组元素产生合适的时间,通过中断的方式响应定时时间,通过定时器 T1 的定时时间来控制音符演奏的节拍,完成一首音乐的演奏。

八音盒效果演示

本案例的系统设计方案、仿真电路图和 5.4 节案例 3 嘀嘀声是一样的,当系统工作时,蜂鸣器会循环演奏生日快乐歌。读者可扫描右侧的二维码观看本案例的演示效果。

5.7.2 案例分析

生日快乐歌的歌谱如图 5-33 所示。

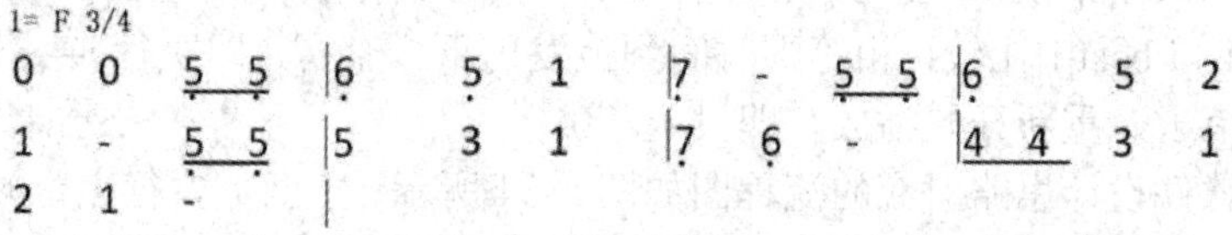

```
1= F 3/4
0   0   5  5  | 6     5   1   | 7  -   5  5   6       5   2
1   -   5  5  | 5     3   1   | 7   6  -   4  4   3   1
2   1         |
```

图 5-33 生日快乐歌歌谱

在这个案例中,可以用定时器 T0 来控制驱动蜂鸣器发声的方波的频率,定时器初始值与频率的关系可参照电子琴案例的设计。用定时器 T1 控制每个音的节拍,定时器 T1 定时

0.05 s，作为基本延时时间，节拍值是它的整数倍。

根据生日快乐歌的简谱，让单片机控制蜂鸣器按时间的先后分别发出简谱中的各个音调。除了发音之外，还要注意每个音的节拍，音乐的节拍是由延时实现的，假设 1 拍为 0.4 s，1/8 拍是 0.05 s。只要设定延时时间，就可求得节拍的时间。

假设单片机的晶振是 6 MHz，定时器工作在 12T 的计数速率，定时器 T1 采用工作方式 1，定时器一次最大定时时间达不到 0.1 s，设一次定时 50 ms，初始值为 0x9E58。单片机依次要发出的音调及频率、定时器 T0 初值、节拍数如表 5-7 所示。

表 5-7　生日快乐歌的音调及频率、定时器 T0 初值、节拍数

次序	音调	频率	定时器 T0 初值	1/8 节拍 倍数	次序	音调	频率	定时器 T0 初值	1/8 节拍 倍数
1	低 5SO	392	0XFD82	4	14	低 5SO	392	0XFD82	4
2	低 5SO	392	0XFD82	4	15	中 5SO	784	0XFEC1	8
3	低 6LA	440	0XFDC8	8	16	中 3MI	659	0XFE85	8
4	低 5SO	392	0XFD82	8	17	中 1DO	523	0XFE22	8
5	中 1DO	523	0XFE22	8	18	低 7SI	494	0XFE06	8
6	低 7SI	494	0XFE06	16	19	低 6LA	440	0XFDC8	8
7	低 5SO	392	0XFD82	4	20	中 4FA	698	0XFE9A	4
8	低 5SO	392	0XFD82	4	21	中 4FA	698	0XFE9A	4
9	低 6LA	440	0XFDC8	8	22	中 3MI	659	0XFE85	8
10	低 5SO	392	0XFD82	8	23	中 1DO	523	0XFE22	8
11	中 2RE	587	0XFE56	8	24	中 2RE	587	0XFE56	8
12	中 1DO	523	0XFE22	16	25	中 1DO	523	0XFE22	16
13	低 5SO	392	0XFD82	4					

在这首旋律中，蜂鸣器依次要发出 25 个音，这 25 个音来自 8 个音调，分别是低音 5SO、低音 6 LA、低音 7 SI、中音 1 DO、中音 2 RE、中音 3 MI、中音 4 FA、中音 5 SO。将这 8 个音对应于定时器的初值放在两个数组 th[8] 和 tl[8] 中。用数组 tune 存放这 25 个音在数组 th 和 tl 中的位置。数组 tune 的数组元素作为数组 th 和 tl 的下标，将相应音调的定时器值取出使用，th[8]、tl[8]、tune[25] 和 beat[25] 设为全局变量，在中断处理程序中可以操作。

用变量 i 来指示当前蜂鸣器发第几个音，发出的每个音的定时器值在数组 th 和 tl 中，数组 tune 存放了这 25 个音在定时器值数组 th 和 tl 中的位置，每次发出的音的定时器初值为 th[tune[i]] 和 tl[tune[i]]。发出 25 个音的 1/8 节拍倍数存放在数组 beat 中，将定时器 T1 溢出次数 count 与 beat[i] 比较，相等则时间到换发出下一个音，即执行 i++；当 i=25 时，一首歌曲旋律结束了，重新开始播放，即设 i 为 0。

本案例的软件设计思路对应的流程图如图 5-34 所示。主函数执行完定时器和中断的初始设置后，循环执行空语句，旋律发声在定时器中断程序中实现。定时器 T0 控制的是旋律中具体音符的频率，定时器 T1 控制的是旋律中每个音符维持的时长。

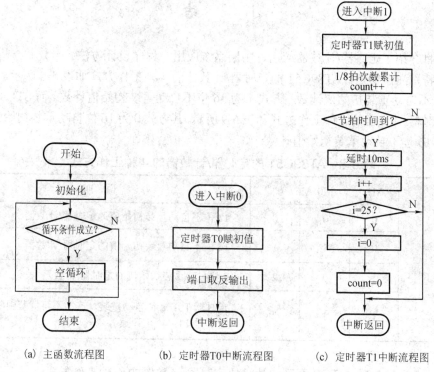

(a) 主函数流程图   (b) 定时器T0中断流程图   (c) 定时器T1中断流程图

图 5-34 旋律发生模块程序流程图

5.7.3 操作手册

读者可扫描右侧的二维码阅读本案例的操作手册,根据操作手册的指导完成本案例的演练。

八音盒操作手册

5.7.4 举一反三

通过案例的学习,读者可以在理解案例的基础上进行一些拓展训练,思考以下几个问题该如何解决:

(1) 能否修改代码,用不一样的程序代码实现本案例的要求?

(2) 能否增加一个按键,通过按下按键来启动播放音乐呢?如果可以,该如何编程呢?

(3) 能否利用 1 个按键控制系统播放多首音乐呢?如果可以,又该如何编程呢?

5.8 常 见 错 误

读者可扫描右侧的二维码阅读本项目所列设计中可能会出现的常见错误,以便更深入地学习。

常见错误

小　　结

本项目介绍了定时器/计数器应用、中断系统应用、程序设计方法。

需要特别注意的是，AT89C51 的定时器/计数器的 4 种工作方式如表 5-8 所示，其方式 0 为 13 位不自动重装初始值计数，方式 1 为 16 位不自动重装初始值计数。而 STC8 系列单片机的定时器/计数器的 4 种工作方式如表 5-9 所示，其方式 0 为 16 位自动重装初始值计数，方式 1 为 16 位不自动重装初始值计数。

表 5-8　AT89C51 的定时器/计数器的 4 种工作方式

	M1	M0	方式	说　明
AT89C51	0	0	0	13 位不自动重装初始值的定时器/计数器
	0	1	1	16 位不自动重装初始值的定时器/计数器
	1	0	2	8 位自动重装初始值的定时器/计数器
	1	1	3	定时器 T0：8 位自动重装，产生不可屏蔽中断。 定时器 T1：停止计数

表 5-9　STC8 系列单片机的定时器/计数器的 4 种工作方式

	M1	M0	方式	说　明
STC8 系列	0	0	0	16 位自动重装初始值的定时器/计数器
	0	1	1	16 位不自动重装初始值的定时器/计数器
	1	0	2	8 位自动重装初始值的定时器/计数器
	1	1	3	定时器 T0：16 位自动重装，产生不可屏蔽中断。 定时器 T1：停止计数

习　　题

请构建包含 1 个按键和 1 个蜂鸣器接口电路的系统，实现系统开始工作时，蜂鸣器不发声，按键每次按下后蜂鸣器播放音乐，音乐播完则蜂鸣器不发声。利用按键还可随时切换 2 首音乐，每次切换后音乐重新开始播放。

项目6 闪耀的生日卡——数码管应用

6.1 项 目 综 述

6.1.1 项目意义及背景

你是否有时会有给朋友制作一张独一无二的生日卡的冲动呢？会不会想到利用我们所学的及手边的材料，制作一个既可以重复使用又亮眼的电子生日礼物呢？那就让我们来做一张电子生日卡吧！这个电子生日卡将会用到数码管，数码管是一种常用的电子显示器件，在日常生活中随处可见，比如电子钟显示、热水器温度显示等。数码管内部由一段段发光二极管组成"8"字形，可用单片机的 I/O 口控制这些发光二极管点亮或者熄灭，从而可以显示数字 0~9，以及一些简单的字母或符号。本项目将通过单个共阴数码管显示 5 s 倒计时、单个共阳数码管显示 5 s 倒计时、多个数码管显示生日、简易电子钟、电子生日卡 5 个案例使读者循序渐进地学习、掌握数码管的显示原理、数码管的控制方法、数码管的应用、数码管的静态显示及动态显示等知识。

6.1.2 知 识 准 备

1. 数码管结构及工作原理

常用的数码管又称为八段数码显示器，内部由 7 段长条形 LED 和 1 个圆点形 LED 构成，其实物图如图 6-1 所示。这种数码管不仅能显示简单的数字和字符，还能显示小数点。如果把右下角的点去掉，就构成了另一种常用的数码管——七段数码显示器。数码管外部有 10 个引脚，其内部结构图如图 6-2 所示。一般中间两个引脚为公共端，其余 8 个引脚分别用于控制 A、B、C、D、E、F、G 和小数点 DP 的亮灭。

图 6-1 数码管实物图

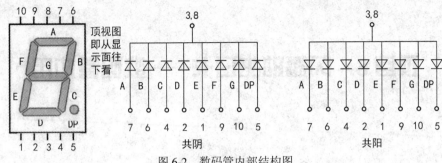

图 6-2　数码管内部结构图

数码管有许多种分类方式，按显示颜色分，可分为红色、绿色、蓝色、黄色等；按尺寸分，可分为 0.28 英寸、0.5 英寸和 0.8 英寸等；按亮度强度分，可分为超亮、高亮和普亮；按 LED 的连接方式不同，数码管可分为共阴极和共阳极两种结构。

要让数码管能正确显示字形，首先得熟悉它的内部结构。根据图 6-2，分别用 A、B、C、D、E、F、G 和 DP 来表示 7 段长条形 LED 和小数点，如要显示数字"1"，则控制 B 和 C 两段 LED 点亮即可，共阳极数码管公共端需接+5 V 高电平，共阴极数码管公共端需接地。共阴极数码管即 8 段 LED 的阴极连在一起，引出公共端，阳极分别接 8 个独立控制端。LED 的点亮条件是从阳极到阴极流过 2～20 mA 的电流(电流太大会把 LED 击穿而损坏，电流太小会导致显示亮度不够)，只要公共端输入低电平，控制端输入高电平，对应的 LED 就会点亮，若控制端输入低电平，则对应的 LED 熄灭。每段 LED 都需串联限流电阻，电阻阻值根据 LED 可流过的电流大小来计算确定。共阳极数码管的连接，即 8 段 LED 的阳极连在一起，引出公共端，阴极分别接 8 个独立控制端，只要公共端输入高电平，控制端输入低电平，对应的 LED 就会点亮，若控制端输入高电平，则对应的 LED 熄灭(同样需要串联限流电阻)。

2. 数码管与单片机接口设计

单个数码管可与单片机的任一 I/O 口连接(注意，仿真设计中若使用 AT89C51 单片机的 P0 端口，则需外接上拉电阻以提升对外输出的驱动力)，如图 6-3 所示，图中选用的数码管为 8 段共阴极数码显示器，公共端由单片机的 P3.2 端口控制三极管 V1 来控制，当 P3.2 端口需输出高电平，则数码管公共端获得低电平信号，另外 8 个引脚分别连接 51 单片机的 P2.0～P2.7 端口。想要控制该数码管显示某一个字形，只需通过 P2 端口输出高、低电平信号控制对应的 LED 段点亮。

有时系统中有使用多位数码管显示的需求，多位数码管的显示接口方式分为静态方式和动态方式两种。此处以四位共阳数码管显示为例来具体讲解多位数码管显示的工作原理。

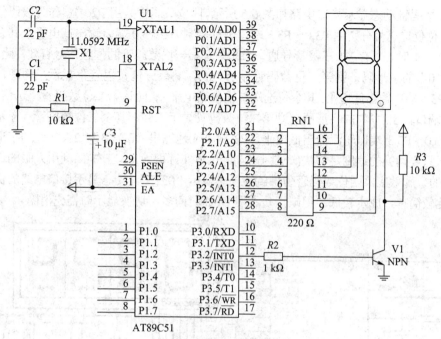

图 6-3 单个数码管与 51 单片机接口设计

四位数码管静态显示接口电路如图 6-4 所示。每一位数码管的段码信号都由 1 个锁存器
(74LS373)进行控制，4 个锁存器虽然均连接至 P0 端口，但其使能信号分别连接至 P2.0～P2.3
端口，依次给定有效的使能信号使得 "2""0""0""8" 4 个字形码分别锁存至 4 个锁存器，
从而控制四位数码管分别显示 "2""0""0""8"。不难发现，静态显示接口电路的优点是占
用 CPU 时间少，显示便于监测和控制，但缺点是硬件电路比较复杂，成本较高。

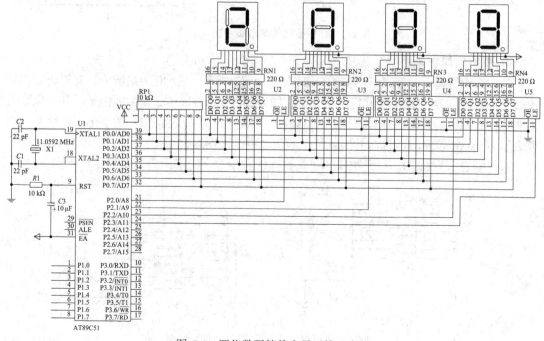

图 6-4 四位数码管静态显示接口电路

　　四位数码管动态显示接口电路如图 6-5 所示。四位数码管共用 P2 端口作为段码信号控制端，但 4 位位选信号分别由 P3.0～P3.3 端口进行控制。当 P3.0 端口输出低电平且其余三个端口输出高电平时，只有 V1 三极管导通，因此只有第一位数码管的位选信号有效，此时 P2 端口输出"0"的字形码，则第一位数码管显示"0"，其余三位数码管不显示；同理，下一瞬间只让 P3.1 端口输出低电平，其余位选端口输出高电平，从而让第二位数码管位选信号有效，此时 P2 端口输出"3"的字形码，则第二位数码管显示"3"，其余三位数码管不显示；以此类推，P3.0～P3.3 端口轮流输出低电平，P2 则对应地输出"0""3""2""5"的字形码，反复循环，只要切换的速度足够快(一般小于 40 ms，实际取 5 ms 左右)，利用人眼的迟滞反应和 LED 的余辉效应，四位数码管仿佛就能同时显示"0325"。动态显示接口电路的优点是硬件电路比较简单，成本较低，但缺点是占用 CPU 时间多，切换显示时需先消隐。

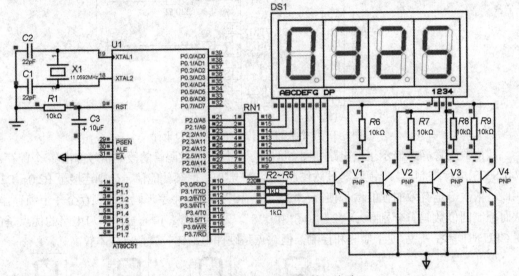

图 6-5　四位数码管动态显示接口电路

3. 数码管显示字形码

　　共阴数码管显示数字"1"的仿真电路如图 6-6(a)所示，设 D0 为最低位，此数码管没有小数点，即没有 D7 位(可假设其为 0)，根据图 6-2 可知，D1、D2 设为高电平，其余位设为低电平，共阴数码管即显示数字"1"，00000110 即为共阴数码管"1"的字形码，用十六进制表示为 0x06。同理，共阳数码管显示"1"的仿真电路如图 6-6(b)所示，其字形码为 11111001，用十六进制表示为 0xF9。以此类推，可得到其他显示数字的字形码，如表 6-1 所示。

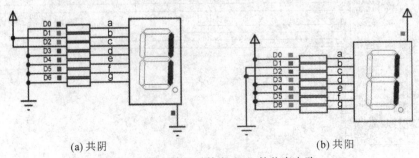

(a) 共阴　　　　　　　　　　　　　　　　(b) 共阳

图 6-6　数码管显示数字"1"的仿真电路

表6-1 数字的字形码表

字形码	0	1	2	3	4	5	6	7	8	9	全黑
共阴	0x3F	0x06	0x5B	0x4F	0x66	0x6D	0x7D	0x07	0x7F	0x6F	0x00
共阳	0xC0	0xF9	0xA4	0xB0	0x99	0x92	0x82	0xF8	0x80	0x90	0xFF

若数码管接口电路的连接方式不同，还可应用专门的"七段数码管编码"小程序来获得对应的字形码，其应用界面及结果显示界面如图6-7所示。

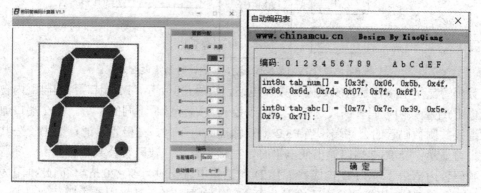

图6-7 "七段数码管编码"小程序界面

6.2 案例1——单个共阴数码管显示5 s 倒计时

6.2.1 任务分析

单个共阴数码管显示5 s 倒计时案例的具体要求是利用定时器T0的工作方式1实现定时1 s，利用P2端口控制单个共阴数码管实现5 s 倒计时显示，时间倒计时到0后停止计时，数码管显示0。

本案例的仿真电路图如图6-8所示，它包含单片机最小系统和单个共阴数码管接口电路。当系统工作时，数码管以1 s 为间隔从5开始倒计时，到0后显示不再变化。读者可扫描右侧的二维码来观看本案例的演示效果。

单个共阴数码管
显示5 s 倒计时效果演示

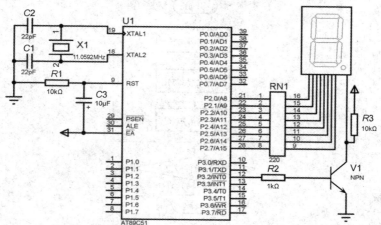

图6-8 单个共阴数码管显示5 s 倒计时仿真电路图

本案例的系统设计方案如图 6-9 所示，系统的核心控制器是单片机，单片机工作需要电源电路、时钟电路和复位电路，本案例是控制共阴数码管，所以系统还需要由共阴数码管组成的显示电路。

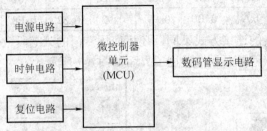

图 6-9　单个共阴数码管显示 5s 倒计时系统设计方案

数码管显示电路就是共阴数码管接口电路，如图 6-8 所示。P2 端口经过排阻(内含 8 个限流电阻)连接共阴数码管的段选信号，用于控制数码管显示不同的字形。P3.2 端口通过三极管连接共阴数码管的公共端，当 P3.2 端口输出高电平时，三极管导通，数码管公共端被拉低，可显示；当 P3.2 端口输出低电平时，三极管截止，数码管公共端被拉高，不显示。由于数码管内部由 8 段 LED 构成，而 LED 的工作电流一般为 5～20 mA，因此排阻的阻值可以选择 220 Ω。三极管在此电路中是作开关用，根据经验，基极限流电阻可以选择 1 kΩ，集电极上拉电阻可以选择 10 kΩ。

确定共阴数码管接口电路之后，我们可以发现，要让共阴数码管显示某一个数字，只需将 P3.2 端口设为高电平，再通过 P2 端口输出该数字的显示字形码即可。

6.2.2　案例分析

本案例的硬件电路设计如图 6-8 所示，包含时钟电路、复位电路和数码管显示电路。各组成部分的工作原理在前述案例或本案例的前半部分已详细阐述，这里就不重复说明了。

本案例的软件设计思路如图 6-10 所示，流程图梳理如下：系统开始工作后，首先显示变量初始化，然后进行定时器初始化和显示初始化，再进入主循环判断，若循环条件成立则继续循环，否则结束循环，系统停止工作。

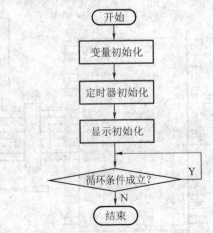

图 6-10　单个共阴数码管显示 5 s 倒计时设计流程图

本案例中用到定时器 T0 中断，设定每 50 ms 进入一次中断，则中断 20 次为 1 s 时间到。其中，定时器初始化流程及定时器 T0 中断服务函数流程如图 6-11、图 6-12 所示。下面对定时器 T0 中断服务函数设计流程作简要说明：进入中断函数后，首先是重装初值(在定时器初始化过程中已设定定时器以方式 1 工作，单次定时时间为 50 ms)，并且利用变量 ms 累计中断次数，然后判断中断次数 ms 是否到达 20 次(1 s 时间)，若未达到 20 次，则中断返回，若达到 20 次，则说明 1 s 到，ms 清零，显示值 sec 减 1，再判断显示值是否小于 0，若小于 0，则 sec 清零，更新显示并中断返回，若未到 0，则直接更新显示并中断返回。

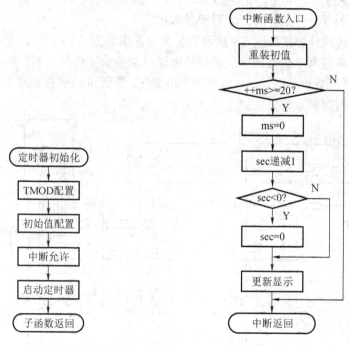

图 6-11　定时器初始化流程图　　图 6-12　定时器 T0 中断服务函数流程图

6.2.3　操 作 手 册

读者可扫描右侧的二维码阅读本案例的操作手册，根据操作手册的指导完成本案例的演练。

单个共阴数码管
显示 5 s 倒计时操作手册

6.2.4　举 一 反 三

通过案例的学习，读者可以在理解案例的基础上进行一些拓展训练，思考以下几个问题该如何解决：

(1) 如果需要倒计时的值从 9 开始，该如何编程呢？

(2) 若将数码管段码连接至 P3 端口，那么倒计时程序该如何编程呢？

(3) 若利用 2 个共阴数码管分别接 P1 端口和 P3 端口，那么 59 s 的倒计时该如何编程呢？

6.3 案例 2——单个共阳数码管显示 5 s 倒计时

6.3.1 任务分析

单个共阳数码管显示 5 s 倒计时案例的具体要求是利用定时器 T0 的工作方式 1 实现定时 1 s,利用 P2 端口控制单个共阳数码管实现 5 s 倒计时显示,时间倒计时到 0 后停止计时,数码管显示 0。

单个共阳数码管
显示 5 s 倒计时效果演示

本案例的系统设计方案如图 6-9 所示,仿真电路图如图 6-13 所示,它包含单片机最小系统和单个共阳数码管接口电路。当系统工作时,数码管以 1 s 为间隔从 5 开始倒计时,到 0 后显示不再变化。读者可扫描右侧的二维码来观看本案例的演示效果。

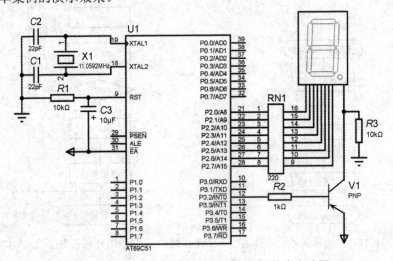

图 6-13　单个共阳数码管显示 5 s 倒计时仿真电路图

数码管显示电路如图 6-13 所示,P2 端口经过排阻(内含 8 个限流电阻)连接共阳数码管的段选信号,用于控制数码管显示不同的字形。P3.2 端口通过三极管连接共阳数码管的公共端,当 P3.2 端口输出低电平时,三极管导通,数码管公共端被拉高,可显示;当 P3.2 输出高电平时,三极管截止,数码管公共端被拉低,不显示。共阳数码管显示数字的字形码及其计算方式已在本项目的知识准备中做了详细介绍,在此不再赘述。

6.3.2 案例分析

本案例的软件设计思路与单个共阴数码管显示 5 s 倒计时案例是一样的,唯一的区别就是给数码管的有效位选信号是相反的,所以这里就不再赘述。

6.3.3 操作手册

读者可扫描右侧的二维码阅读本案例的操作手册,根据操作手册的

单个共阳数码管
显示 5 s 倒计时操作手册

指导完成本案例的演练。

6.3.4 举一反三

通过案例的学习，读者可以在理解案例的基础上进行一些拓展训练，思考以下几个问题该如何解决：

(1) 如果需要倒计时的值从 9 开始，该如何编程呢？

(2) 若将数码管段码连接至 P0 端口，那么倒计时程序该如何编程呢？

(3) 若将 2 个共阳数码管分别接 P1 端口和 P3 端口，那么 59 s 的倒计时该如何编程呢？

6.4　案例 3——多个数码管显示生日

6.4.1 任务分析

多个数码管显示生日案例的具体要求是利用单片机控制四位一体数码管显示生日的日期，例如，若生日是 3 月 25 日，则数码管上显示"0325"。

本案例的系统设计方案如图 6-9 所示，仿真电路图如图 6-14 所示，它包含单片机最小系统和四位一体共阳数码管接口电路。它的仿真效果图如图 6-15 所示，4 位数码管上稳定显示"0325"。读者可扫描右侧的二维码来观看本案例的演示效果。

多个数码管显示
生日效果演示

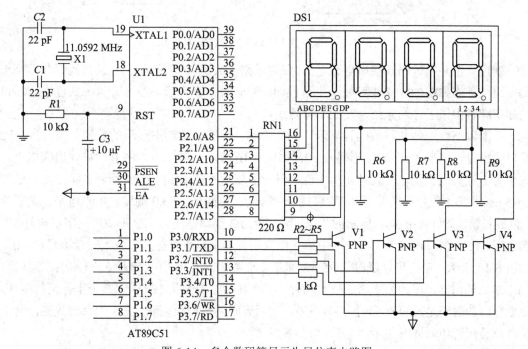

图 6-14　多个数码管显示生日仿真电路图

　　数码管显示电路就是四位一体共阳数码管接口电路。P2 端口经过排阻(内含 8 个限流电阻)连接四位一体共阳数码管的段选信号，用于控制数码管显示不同的字形。P3.0～P3.3 端口经过三极管连接四位一体共阳数码管的位选信号，当 P3.0 端口输出低电平时，V1 三极管导通，位选信号 1 被拉高，则第 1 位数码管可显示；反之，当 P3.0 端口输出高电平时，V1 三极管截止，位选信号 1 被拉低，则第 1 位数码管不显示。以此类推，P3.1 端口控制第 2 位数码管，P3.2 端口控制第 3 位数码管，P3.3 端口控制第 4 位数码管。

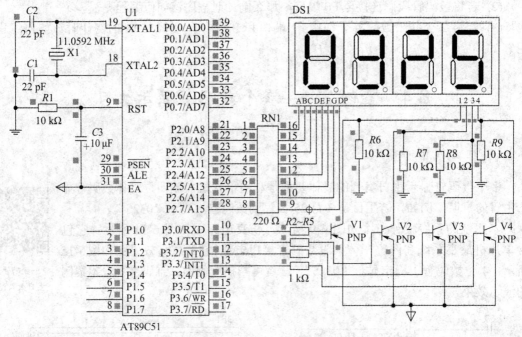

图 6-15　多个数码管显示生日仿真效果图

　　确定 4 位共阳数码管接口电路之后，我们只需用数组 A(名称自定)存储数码管共阳字形码，通过动态扫描的方式即可显示生日日期。数码管共阳字形码及其计算方式已在本项目的知识准备中做了详细介绍，在此不再赘述。

　　下面以两位一体共阳数码管显示"30"为例，详细介绍动态显示的原理。第一步，P2 端口输出显示字形"3"的字形码 0xb0，如图 6-16 所示；第二步，P3.0 端口输出低电平，选中第 1 位数码管显示，此时在第 1 位数码管上显示"3"，如图 6-17 所示；第三步，延时 3～5 ms(即第 1 位数码管显示"3"保持 3～5 ms)；第四步，P3.0 端口输出高电平，关断第 1 位数码管，又回到图 6-16 所示的状态；第五步，P2 端口输出显示字形"0"的字形码 0xc0；第六步，P3.1 端口输出低电平，选中第 2 位数码管显示，此时在第 2 位数码管上显示"0"，如图 6-18 所示；第七步，延时 3～5 ms(即第 2 位数码管显示"0"保持 3～5 ms)；第八步，P3.1 端口输出高电平，关断第 2 位数码管，又回到第五步的状态。以上八个步骤反复循环，只要延时的时间足够短(一般小于 40 ms)，利用人眼的迟滞反应和 LED 的余辉效应，看上去两位数码管仿佛同时显示"30"，如图 6-19 所示。

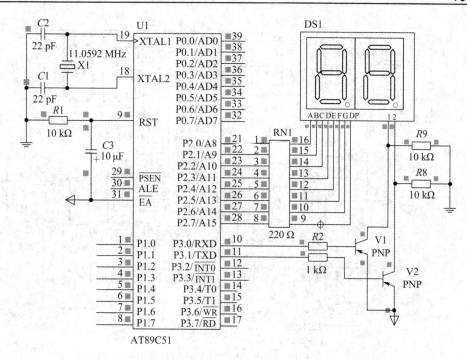

图 6-16   两位一体共阳数码管仿真电路 a

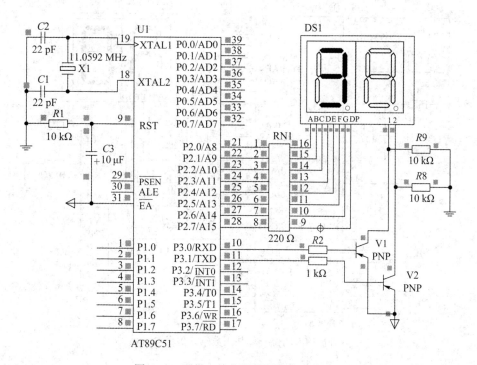

图 6-17   两位一体共阳数码管仿真电路 b

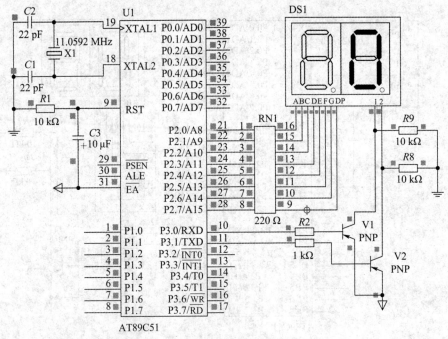

图 6-18　两位一体共阳数码管仿真电路 d

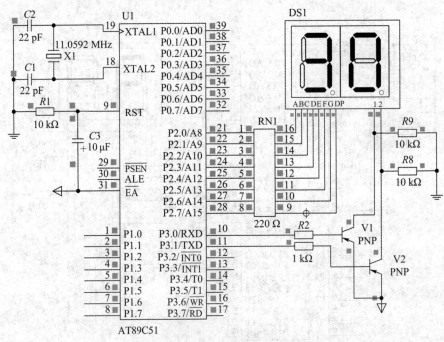

图 6-19　两位一体共阳数码管仿真电路 e

6.4.2　案例分析

　　本案例的硬件电路设计如图 6-15 所示，软件设计思路如图 6-20 和图 6-21 所示，主流程梳理如下：系统开始工作后，首先进行初始化，再进入主循环判断，若循环条件成立则调用显示函数，然后继续进行循环判断，直至循环条件不成立，结束循环，系统停止工作。

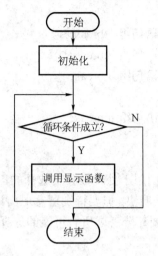

图 6-20 多个数码管显示生日设计主流程图

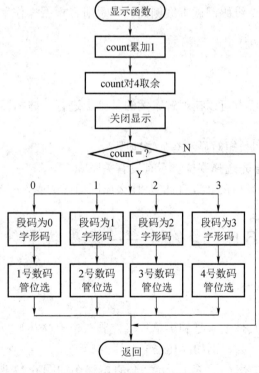

图 6-21 显示子函数流程图

　　下面对显示子函数设计流程作简要说明。在显示子函数中利用 count 变量的值来选择哪一位数码管显示，所以进入显示子函数后，首先将 count 变量累加 1，然后将 count 变量对 4 取余，关闭所有的显示，根据 count 变量的值来选择显示的数码管——值为 0，选中第 1 位数码管；值为 1，选中第 2 位数码管；值为 2，选中第 3 位数码管；值为 3，选中第 4 位数码管。选中数码管之后，将对应的字形码送显示端口。

　　在此，可用 switch 语句来完成数码管选择的功能。switch 语句的格式如下：

```
    switch (表达式)
{
        case 常量表达式 1:语句组 1;break;
        case 常量表达式 2:语句组 2;break;
        case 常量表达式 3:语句组 3;break;
        ……
        case 常量表达式 n:语句组 n;break;
        default:语句组 n+1;
}
```

switch case 语句是一个专门用于处理多分支选择的语句，执行过程就是对号就请进，做完请退出。语句书写格式简洁明快，但要特别留意退出语句，break 容易被忽略掉。default 语句的使用也很重要，读者需要充分考虑所有可能的选择条件。

6.4.3　操作手册

读者可扫描右侧的二维码阅读本案例的操作手册，根据操作手册的指导完成本案例的演练。

多个数码管显示生日
操作手册

6.4.4　举一反三

通过案例的学习，读者可以在理解案例的基础上进行一些拓展训练，思考以下几个问题该如何解决：

(1) 程序中延时时间长短对显示有何影响呢？

(2) 四位一体数码管先选择哪位显示有没有关系呢？

(3) 个位、十位显示位置出错，可能是什么原因引起的呢？

6.5　案例 4——简易电子钟

6.5.1　任务分析

简易电子钟案例的具体要求是利用单片机控制八位一体共阳数码管显示当前时间，显示格式为：××-××-××，例如：18-56-50。

本案例的系统设计方案如图 6-9 所示，仿真电路图如图 6-22 所示。数码管共阳字形码及其计算方式已在本项目的知识准备中做了详细介绍，数码管的动态扫描方式也已在多个数码管显示生日案例中介绍，在此不再赘述。读者可扫描右侧的二维码观看本案例的演示效果。

简易电子钟
效果演示

确定 8 位共阳数码管接口电路之后，我们只需用数组 A(名称自定)存储数码管共阳字形码，数码管通过动态扫描方式显示。利用定时器 T0 的工作方式 1 实现 1 s 定时，以此作为电子钟的基准时间。

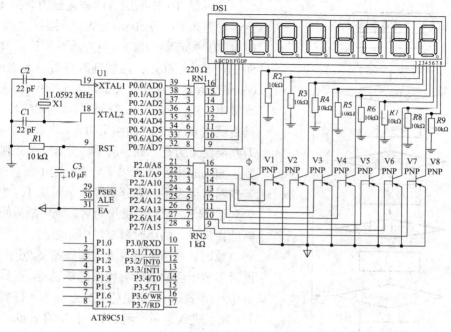

图 6-22　简易电子钟仿真电路图

6.5.2　案例分析

本案例的硬件电路设计如图 6-22 所示，包含时钟电路、复位电路和数码管显示电路。各组成部分的工作原理在前述案例中已详细阐述，这里就不重复说明了。

本案例的软件设计思路如图 6-23 所示，流程梳理如下：系统开始工作后，首先进行初始化(包括定时器初始化)，再进入主循环判断，若循环条件成立则调用显示函数，然后继续进行循环判断，直至循环条件不成立，结束循环，系统停止工作。

定时器初始化函数的流程图非常简单，首先对工作方式进行配置，然后给定时器赋初始值，接着打开中断允许标志位，最后启动定时器，如图 6-24 所示。

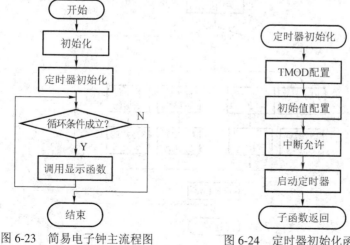

图 6-23　简易电子钟主流程图　　　　图 6-24　定时器初始化函数流程图

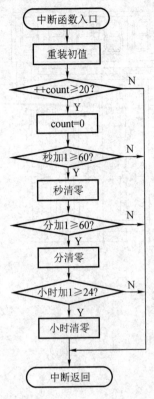

图 6-25　定时器 T0 中断服务函数流程图

定时器 T0 中断服务函数流程图如图 6-25 所示，说明如下：每 50 ms 定时时间到，系统进入定时器 T0 中断服务程序，首先重装初值，为下一次 50 ms 定时做准备；然后判断是否 1 s 时间到(即 count 变量累计后是否大于或等于 20)，如未到 1 s，直接中断返回，若 1 s 时间到，则秒加 1；并判断是否到达 60 s，若判断结果为否，则直接中断返回，若判断结果为是，则秒清零，分加 1；并判断是否到达 60 min，若判断结果为否，则中断直接返回，若判断结果为是，则分清零，小时加 1；并判断是否到达 24 h，若判断结果为否，则中断返回，若判断结果为是，则小时清零，中断返回。

数码管显示子函数流程图如图 6-26 所示，下面对显示子函数设计流程作简要说明。在显示子函数中利用 count1 变量的值来选择哪一位数码管显示，所以进入显示子函数后，首先将 count1 变量累加 1，然后将 count1 变量对 8 取余，关闭所有的显示，根据 count1 变量的值来选择显示的数码管：值为 0，选中第 1 位数码管；值为 1，选中第 2 位数码管；值为 2，选中第 3 位数码管……值为 7，选中第 8 位数码管。选中数码管之后，将对应的字形码送至显示端口，然后依此规律依次驱动各位数码管显示。

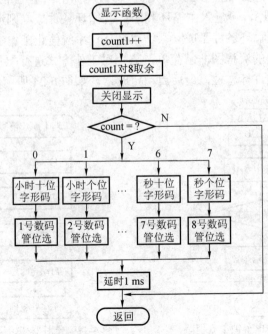

图 6-26　显示子函数流程图

6.5.3 操作手册

简易电子钟操作手册

读者可扫描右侧的二维码阅读本案例的操作手册，根据操作手册的指导完成本案例的演练。

6.5.4 举一反三

通过案例的学习，读者可以在理解案例的基础上进行一些拓展训练，思考一下：若需要用按键调整电子钟的时间，按键数量和功能如何设定呢？又该如何编程呢？

6.6 案例5——电子生日卡

6.6.1 任务分析

电子生日卡案例的具体要求是利用单片机控制四位一体数码管显示生日日期(假设生日日期为 4 月 9 日)，同时控制蜂鸣器"演唱"生日快乐歌曲。

本案例的仿真电路图如图 6-27 所示，它包含单片机最小系统、四位一体数码管接口电路和蜂鸣器接口电路；它的仿真效果图如图 6-28 所示，四位一体数码管上准确显示生日日期，并且蜂鸣器"演唱"生日快乐歌(用示波器可观察到输入蜂鸣器的信号频率变化，而频率变化正是引起音调变化的根本原因)。读者可扫描右侧的二维码观看本案例的演示效果。

电子生日卡效果演示

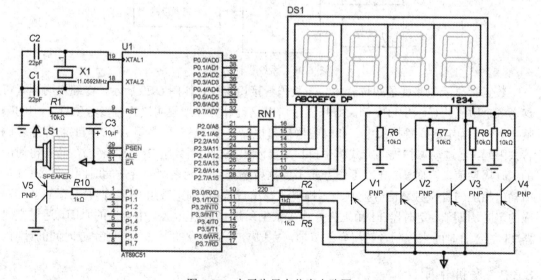

图 6-27 电子生日卡仿真电路图

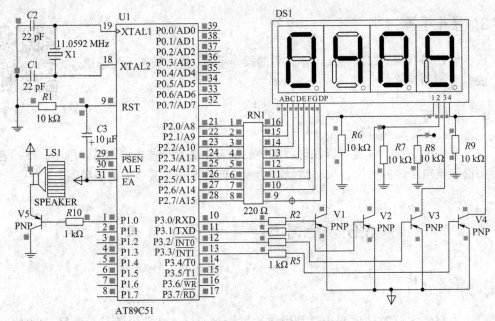

图 6-28　电子生日卡仿真效果图

本案例的系统设计方案如图 6-29 所示，本案例是单片机控制四位一体数码管显示和蜂鸣器"唱歌"。

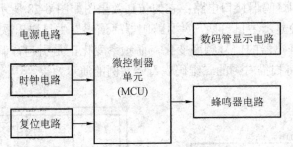

图 6-29　系统设计方案

数码管显示电路就是四位一体共阳数码管接口电路，如图 6-29 所示，详细说明读者可参考多个数码管显示生日案例。蜂鸣器接口电路设计的详细说明读者可参考项目 5 中的嘀嘀声案例。确定数码管接口电路和蜂鸣器接口电路之后，只需将数组 A(名称自定)存储数码管共阳码，通过动态扫描的方式将生日日期显示出来；利用数组 B(名称自定)存储音符对应的定时周期值，定时器 T0 用工作方式 1 依据所选择数组元素产生合适的时间，从 P1.0 端口输出相应的音符频率信号控制无源蜂鸣器发出音符声；利用数组 C(名称自定)存储节拍对应的定时周期值，定时器 T1 用工作方式 1 依据所选择数组元素产生合适的时间，通过定时器 T1 的定时时间来控制音符演奏的节拍，完成一首生日歌的演奏，同时完成时间的计时。

6.6.2　案例分析

本案例的硬件电路设计如图 6-27 所示，包含时钟电路、复位电路、数码管显示电路和蜂鸣器电路。各组成部分的工作原理在前述案例中已详细阐述，这里就不重复说明了。

　　本案例的软件设计思路如图 6-30 所示，流程梳理如下：系统开始工作后，首先进行变量初始化和定时器初始化，再进入主循环判断，只要循环条件成立，就一直等待，直至循环条件不成立，结束循环，系统停止工作。

　　定时器初始化的设计流程图非常简单，如图 6-31 所示。首先对工作方式进行配置，然后给定时器 T0 和 T1 赋初值，接着打开相应的中断允许标志位和总中断允许标志位，最后启动定时器 T0 和 T1。

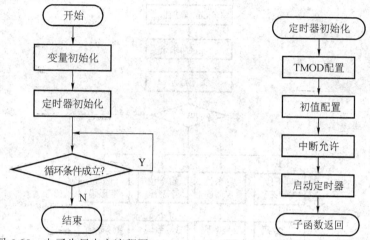

图 6-30　电子生日卡主流程图　　　　图 6-31　定时器初始化流程图

　　定时器 T0 中断服务函数流程图如图 6-32 所示，说明如下：根据音符频率信号计算并重装初值，P1.0 端口取反，然后中断返回。

　　定时器 T1 中断服务函数流程图如图 6-33 所示，说明如下：根据节拍的基准时间计算并重装初值，判断累计节拍是否结束，如果未结束，则直接跳转到更新显示，如果结束，则将节拍累计清零；接着判断累计音符是否结束，如果未结束，则直接跳转到更新显示，如果结束，则将音符清零，再更新显示，最后中断返回。

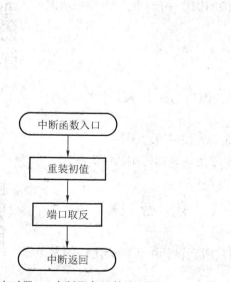

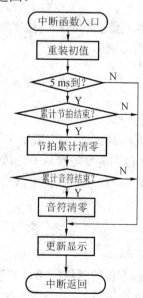

图 6-32　定时器 T0 中断服务函数流程图　　　图 6-33　定时器 T1 中断服务函数流程图

显示子函数流程图如图 6-34 所示，说明如下：count 变量值累加 1，然后对 4 求余，根据求余结果来选择程序分支。如求余结果为 0，则选中 1 号数码管，发送"0"的字形码；如求余结果为 1，则选中 2 号数码管，发送"4"的字形码；如求余结果为 2，则选中 3 号数码管，发送"0"的字形码；如求余结果为 3，则选中 4 号数码管，发送"9"的字形码。

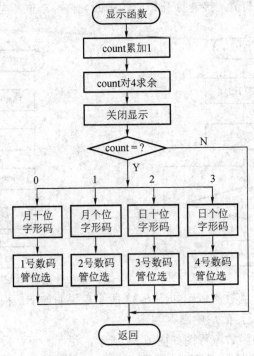

图 6-34　显示子函数流程图

6.6.3　操作手册

读者可扫描右侧的二维码阅读本案例的操作手册，根据操作手册的指导完成本案例的演练。

电子生日卡操作手册

6.6.4　举一反三

通过案例的学习，读者可以在理解案例的基础上进行一些拓展训练，思考以下几个问题该如何解决：

(1) 若出生日期需要随音乐节拍闪烁，该如何编程呢？

(2) 若希望生日快乐歌演奏 1 次后即停止，该如何编程呢？

6.7　常 见 错 误

读者可扫描右侧的二维码阅读本项目所列设计中可能会出现的常见错误，以便更深入地学习。

常见错误

小　结

本项目介绍了数码管的基本工作原理、单个数码管显示、多个数码管静态显示接口设计、多个数码管动态显示接口设计、switch 控制语句、定时器的综合应用等内容。

习　题

请在本项目电子生日卡案例的基础上做以下功能修改：

(1) 可通过按键修改电子生日卡的生日日期。

(2) 生日快乐歌的演奏可通过按键切换是循环播放，还是只播放 1 次。

(3) 为电子生日卡增添装饰灯效果。

项目 7　智能电子钟——液晶屏应用

7.1　项 目 综 述

7.1.1　项目意义及背景

电子钟是人们日常生活中必备的一个小工具，它显示时间所用的器件五花八门，而液晶屏就是常见的一种。液晶(liquid crystal)是一种介于液体和固体之间的热力学的中间稳定相，其特点是在一定的温度范围内既有液体的流动性和连续性，又有晶体各向异性。液晶显示器具有低压微功耗、平板型结构、被动显示、显示信息量大、易于彩色化、没有电磁辐射、寿命长等显著特点。它适合人的视觉习惯且不会使人眼睛疲劳，对环境无污染，因此在便携式仪器仪表中应用越来越广泛。当前市场上出售的液晶显示器 LCD 有字符型和点阵型两大类。字符型可用来显示字符、数字和符号，常用的有 16×1、16×2、20×2 和 40×2 等形式，点阵型则可用来显示汉字以及图形。

本项目将通过利用 LCD1602 字符型液晶屏显示 HELLO MCU、24 s 倒计时、12 min 计时和电子钟计时 4 个案例，使读者循序渐进地学习在单片机应用系统中液晶屏的应用，同时对单片机的定时器及中断等资源进行综合应用的训练。

7.1.2　知识准备

本项目中的案例均以 LCD1602 字符型液晶屏为例，其他液晶屏的应用是类似的，读者可以查阅相关资料后进行转化应用。LCD1602 字符型液晶屏(简称 LCD1602)的外形结构如图 7-1 所示。

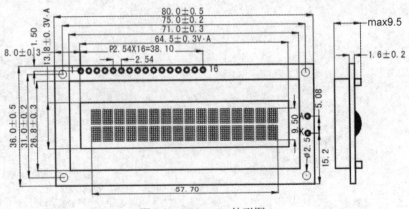

图 7-1　LCD1602 外形图

1. LCD1602 的引脚功能

LCD1602 采用标准 14 脚(无背光)或 16 脚(带背光)接口，各引脚功能如表 7-1 所示。

表 7-1　LCD1602 引脚功能说明

编号	符号	引脚说明	编号	符号	引脚说明
1	VSS	电源地	9	DB2	数据I/O
2	VDD	电源正极	10	DB3	数据I/O
3	VO	LCD 偏压输入	11	DB4	数据I/O
4	RS	数据/命令选择端(H/L)	12	DB5	数据I/O
5	R/W	读写控制信号(H/L)	13	DB6	数据I/O
6	E	使能信号	14	DB7	数据I/O
7	DB0	数据I/O	15	BLK	背光源负极
8	DB1	数据I/O	16	BLA	背光源正极

　　VO 为液晶显示器对比度调整端，接正电源时对比度最弱，接地时对比度最高。若对比度过高会产生"鬼影"，使用时可以通过一只 10 kΩ 电阻来调整对比度。

　　RS 为数据/命令选择端，为高电平时选择数据寄存器，为低电平时选择指令寄存器。

　　R/W 为读写控制信号，为高电平时进行读操作，为低电平时进行写操作。当 RS 和 R/W 同为低电平时，可以写入指令或者显示地址；当 RS 为低电平、R/W 为高电平时，可以读忙信号；当 RS 为高电平、R/W 为低电平时，可以写入数据。

　　E 为使能端，当 E 端由高电平跳变成低电平时，液晶模块执行命令。

　　DB0~DB7 为 8 位双向数据线。

　　LCD1602 与 51 单片机的连接方式有两种，总线方式如图 7-2(a)所示，模拟口线方式如图 7-2(b)所示。

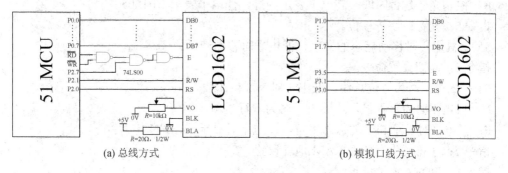

(a) 总线方式　　　　　　　　　　　　　　(b) 模拟口线方式

图 7-2　LCD1602 与单片机连接方式

2. LCD1602 的指令说明及时序

1) LCD1602 的指令

LCD1602 液晶模块内部的控制器共有 11 条控制指令，如表 7-2 所示。

表 7-2　LCD1602 液晶模块指令表

序号	指令	RS	R/W	DB7	DB6	DB5	DB4	DB3	DB2	DB1	DB0
1	清显示	0	0	0	0	0	0	0	0	0	1
2	光标返回	0	0	0	0	0	0	0	0	1	★
3	置输入模式	0	0	0	0	0	0	0	1	I/D	S
4	显示开/关控制	0	0	0	0	0	0	1	D	C	B
5	光标或字符移位	0	0	0	0	0	1	S/C	R/L	★	★
6	置功能	0	0	0	0	1	DL	N	F	★	★
7	置字符发生存储器地址	0	0	0	1	字符发生存储器地址					
8	置数据存储器地址	0	0	1	显示数据存储器地址						
9	读忙标志或地址	0	1	BF	计数器地址						
10	写数到 CGRAM 或 DDRAM	1	0	要写的数据内容							
11	从 CGRAM 或 DDRAM 读数	1	1	读出的数据内容							

注：★表示可任意为 0 或 1。

LCD1602 液晶模块的读写操作、屏幕和光标的操作都是通过指令编程来实现的。

指令 1：清显示，指令码 01H，光标复位到地址 00H 位置。

指令 2：光标复位，光标返回到地址 00H。

指令 3：光标和显示模式设置。

I/D：光标移动方向，高电平右移，低电平左移。

S：屏幕上所有文字是否左移或者右移，高电平表示有效，低电平则表示无效。

指令 4：显示开/关控制。

D：控制整体显示的开与关，高电平表示开显示，低电平表示关显示。

C：控制光标的开与关，高电平表示有光标，低电平表示无光标。

B：控制光标是否闪烁，高电平表示闪烁，低电平表示不闪烁。

指令 5：光标或字符移位。

S/C：高电平时移动显示的文字，低电平时移动光标。

指令 6：功能设置命令。

DL：高电平时为 4 位总线，低电平时为 8 位总线。

N：低电平时为单行显示，高电平时为双行显示。

F：低电平时显示 5×7 的点阵字符，高电平时显示 5×10 的点阵字符。

指令 7：字符发生存储器 RAM 地址设置。

指令 8：DDRAM 地址设置。

指令 9：读忙信号和光标地址。

BF：忙标志位，高电平表示忙，此时模块不能接受命令或者数据；低电平表示不忙。

指令 10：写数据。

指令 11：读数据。

2) 基本操作时序

与 HD44780 兼容的芯片时序图如图 7-3 和图 7-4 所示,整理基本操作时序表如表 7-3 所示。

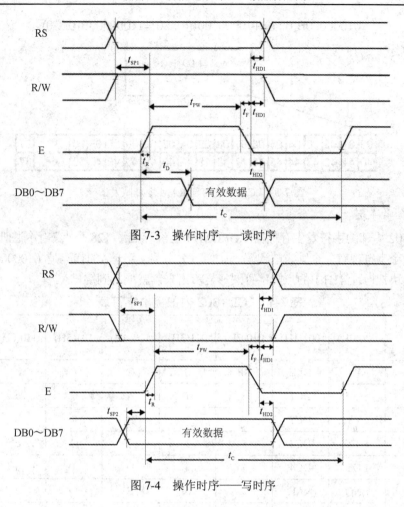

图 7-3　操作时序——读时序

图 7-4　操作时序——写时序

表 7-3　基本操作时序表

命令	输入	输出
读状态	RS=L, R/W=H, E=H	DB0～DB7=状态字
写指令	RS=L, R/W=L, DB0～DB7=指令码, E=高脉冲	无
读数据	RS=H, R/W=H, E=H	DB0～DB7=数据
写数据	RS=H, R/W=L, DB0～DB7=数据, E=高脉冲	无

3) LCD1602 的 RAM 地址映射

LCD1602 是慢显示器件，所以在执行每条指令之前一定要确认模块的忙标志为低电平(即不忙)，否则该指令失效。显示字符时，要先输入显示字符地址，即告诉模块在哪里显示字符。图 7-5 是 LCD1602 的内部显示地址。

从图 7-5 中可以看出，两行之间地址是不连续的，但同行是连续的。那么同行的地址可以根据首地址+偏移量而获得指定显示的地址。例如第二行第一个字符的地址是0x40，那么是否直接写入0x40就可以将光标定位在第二行第一个字符的位置呢？当然不行，因为写入显示地址时要求最高位D7恒定为高电平，所以实际写入的数据应该是：

01000000B(0x40)+10000000B(0x80)=11000000B(0xC0)

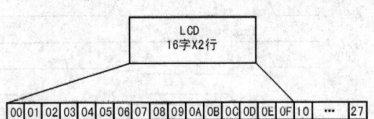

图 7-5　LCD1602 内部 RAM 地址映射图

4) 标准字符表

LCD1602 内部的字符发生存储器(CGROM)中已经存储了 128 个点阵字符图形，如表 7-4 所示，每一个字符都有一个固定的代码。比如，大写英文字母A的代码是 01000001B(41H)，显示时，模块把地址 41H中的点阵字符图形显示出来，就能看到字母A。

表 7-4　LCD1602 内部标准字符表

高位 低位	000(0H)	001(1H)	010(2H)	011(3H)	100(4H)	101(5H)	110(6H)	111(7H)
0000(0H)	NUL	DLE	SP	0	@	P	、	p
0001(1H)	SOH	DC1	!	1	A	Q	a	q
0010(2H)	STX	DC2	"	2	B	R	b	r
0011(3H)	ETX	DC3	#	3	C	S	c	s
0100(4H)	EOT	DC4	$	4	D	T	d	t
0101(5H)	ENQ	NAK	%	5	E	U	e	u
0110(6H)	ACK	SYN	&	6	F	V	f	v
0111(7H)	BEL	ETB	'	7	G	W	g	w
1000(8H)	BS	CAN	(	8	H	X	h	x
1001(9H)	HT	EM	)	9	I	Y	i	y
1010(AH)	LF	SUB	*	:	J	Z	j	z
1011(BH)	VT	ESC	+	;	K	[	k	{
1100(CH)	FF	FS	,	<	L	\	l		
1101(DH)	CR	GS	-	=	M	]	m	}
1110(EH)	SO	RS	.	>	N	↑	n	~
1111(FH)	SI	US	/	?	O	←	o	DEL

3. 基本子函数

在 LCD1602 应用过程中，读者可以利用基本子函数快速开发。通常包括 HD44780 液晶显示控制器忙检测子函数、送指令(或地址)到液晶显示控制器子函数、送数据到液晶显示控制器子函数、LCD 初始化子函数和定位子函数。

1) HD44780 液晶显示控制器忙检测子函数

液晶模块必须处于不忙的状态才能正确接收 MCU 发送过来的指令或数据,所以 MCU 在给液晶模块发送指令或数据之前,首先需要检测液晶模块当前状态是否忙碌。判断液晶模块当前的状态是否忙碌,常采用图 7-6 所示流程图的处理方法,来设计基于 HD44780 驱动的液晶显示控制器忙检测子函数 lcdwaitdle( )。即函数开始后,先初始化,然后将数据端口 DATAPORT 置 1(为了能够正确读取 DATAPORT 的数据),设置 RS、RW、E 等使能信号使得液晶模块处于读状态模式,然后循环读取 DATAPORT 的数据(DATAPORT 的最高位为液晶模块忙检测位),经 DATAPORT&0x80 处理后只留下 DATAPORT 的最高位,其余处理为 0。若 DATAPORT&0x80 的结果为 0,则表示液晶模块当前状态不忙碌,函数返回 1;若 DATAPORT&0x80 的结果为 0x80,则表示液晶模块当前状态忙碌,函数返回 0。

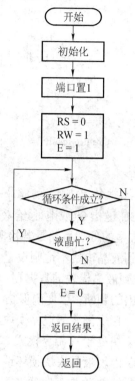

图 7-6 液晶显示控制器忙检测流程图

有些网络资源中的案例采用强行延时一段时间后,默认液晶模块处于空闲状态,然后直接给液晶模块发送命令或数据,这种处理方式在大多数情况下可以让液晶模块正常工作,但是如果延时时间控制得不好,有可能出现液晶显示刷新过慢或过快的结果。液晶显示刷新过慢表现为液晶显示的内容需要等待较长的一段时间;液晶显示刷新过快表现为液晶显示内容不完整,有丢失显示内容的情况。

HD44780 液晶显示控制器忙检测子函数代码如下:

```
/*******************************************************
函数功能:判断液晶模块的忙碌状态
返回值:result。result=0,忙碌;result=1,不忙
*******************************************************/
unsigned char lcdwaitdle (void)
{
    unsigned char i,result=0;          //定义无符号字符变量 i 和 result
    DATAPORT= 0xff;                    //数据端口 DATAPORT 置 1
    RS = 0;                            //根据规定,RS 为低电平
    RW = 1;                            // RW 为高电平时,可以读状态
    E = 1;                             // E=1,才允许读写
    for(i=0;i<20;i++)                  //循环检测 20 次
```

```
        { //判断 DATAPORT 端口的 D7 位为 0 表示 LCD 控制器空闲
            if((DATAPORT &0x80) == 0)
            {
                    result =1;              //返回值设为 1
                    break;                  //提前终止，退出检测
            }
        }
        E = 0;                              // E=0，不允许读写
        return result;                      //返回 result 的值
    }
```

2) 送指令(或地址)到液晶显示控制器子函数

MCU 送指令(或地址)给液晶模块可参考图 7-7 所示的流程图处理，有 a、b 两种处理方案。a 方案的处理思路是若检测到液晶模块忙则放弃本次送指令(或地址)，函数直接返回；若检测到液晶模块不忙则设置 RS、RW、E 等使能信号使得液晶处于写命令模式，将指令(或地址)送到液晶模块的数据端口，然后函数返回。此方案的使用后续还得配合指令(或地址)是否送出的判断，以便确保指令(或地址)的有效输出。b 方案的处理思路是若检测到液晶模块忙则一直反复检测液晶模块状态，直到液晶模块不忙则设置 RS、RW、E 等使能信号使得液晶模块处于写命令模式，将指令(或地址)送到液晶模块的数据端口，然后函数返回。此方案若出现液晶模块损坏或液晶模块松动，就会导致系统卡在液晶模块忙检测环节，此时还需要辅助考虑液晶模块忙检测的时长限制，以便系统可以正常运行。此处根据 b 方案设计送指令(或地址)到液晶模块的子函数 lcdwc(unsigned char c)，需要送的指令(或地址)利用形参 c 传入，首先循环调用忙检测子函数 lcdwaitdle( )，若 lcdwaitdle( )返回值为 0，则表示液晶模块当前忙，循环检测，直到 lcdwaitdle( )返回值为 1，结束 while 循环，然后配置 RS、RW、E 等使能信号使得液晶模块处于写命令模式，将 c 变量的数据送到 DATAPORT 端口实现将指令(或地址)送给液晶模块，函数的具体代码如下：

```
/***************************************************
函数功能：将模式设置指令或显示地址写入液晶模块
入口参数：c
***************************************************/
void lcdwc (unsigned char c)
{
    while(lcdwaitdle ( )= =0);       //如果忙就等待
    RS= 0;                          //根据规定，RS 为低电平
    RW = 0;                         // R/W 同时为低电平时，可以写入指令
    E = 0;                          //E 置低电平，写指令时，E 为高脉冲
    delay( );                       //空操作两个机器周期，给硬件反应时间
    DATAPORT = c;                   //将数据送入 DATAPORT 端口，即写入指令或地址
    delay( );                       //空操作四个机器周期，给硬件反应时间
```

```
    E = 1;                          //E 置高电平
    delay( );                       //空操作四个机器周期,给硬件反应时间
    E = 0;                          //当 E 由高电平跳变成低电平时,液晶模块开始执行命令
}
```

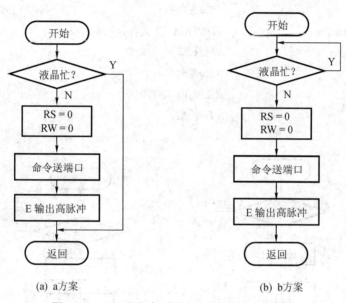

(a) a方案　　　　　　　　　　　　　　　(b) b方案

图 7-7　MCU 送指令(或地址)到液晶模块流程图

3) 送数据到液晶显示控制器子函数

MCU 送数据到液晶模块可参考图 7-8 所示的流程图处理,有 a、b 两种处理方案。a 方案的处理思路是若检测到液晶模块忙则放弃本次送数据,函数直接返回;若检测到液晶模块不忙则设置 RS、RW、E 等使能信号使得液晶处于写数据模式,将数据送到液晶模块的数据端口,然后函数返回。此方案的使用后续还得配合数据是否送出的判断,以便确保数据的有效输出。b 方案的处理思路是若检测到液晶模块忙则一直反复检测液晶模块状态,直到液晶模块不忙,再设置 RS、RW、E 等使能信号使得液晶模块处于写数据模式,将数据送到液晶模块的数据端口,然后函数返回。此方案若出现液晶模块损坏或液晶模块松动,就会导致系统卡在液晶模块忙检测环节,此时还需要辅助考虑液晶模块忙检测的时长限制,以便系统可以正常运行。此处根据 b 方案设计送数据到液晶模块的子函数 lcdwd(unsigned char d),需要送的数据利用形参 d 传入,首先循环调用忙检测子函数 lcdwaitdle( ),若 lcdwaitdle( )返回值为 0,则表示液晶模块当前忙,循环检测,直到 lcdwaitdle( )返回值为 1,结束 while 循环,然后配置 RS、RW、E 等使能信号使得液晶模块处于写数据模式,将 d 变量的数据送到 DATAPORT 端口实现将数据送给液晶模块,函数的具体代码如下:

```
/*************************************************
函数功能:将数据(字符的标准 ASCII 码)写入液晶模块
入口参数:d(为字符常量)
*************************************************/
void lcdwd(unsigned char d)
```

```
{
    while(lcdwaitdle( ) = = 0);        //忙检测，若忙则循环检测
    RS = 1;                            //RS=1
    RW = 0;                            // RW=0
    E = 0;                             // E=低电平
    DATAPORT = d;                      //DATAPORT 为并行数据端口
    _nop_( );                          //空操作，等待时序
    E = 1;                             // E=高电平
    _nop_( );                          //空操作，等待时序
    E = 0;                             // E=低电平
}
```

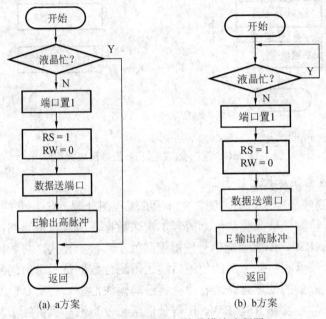

(a) a方案　　　　　　　　　　　　(b) b方案

图 7-8　MCU 送数据到液晶模块流程图

4) LCD1602 初始化子函数

液晶模块在正常工作前，必须进行初始化，此为对液晶模块的"预热"处理，若未经"预热"，则液晶模块很可能工作不正常。不同的液晶模块所需的"预热"处理不一样，读者需根据生产商提供的资料进行配置。此处 LCD1602 的"预热"处理过程可参考图 7-9 所示的流程完成，整个过程可分为显示模式设置、关显示、清屏、显示光标移动、开显示及设置光标的过程，整个过程可描述为：

(1) 延时15 ms→写指令0x38(不检测忙信号)→延时5 ms→写指令0x38(不检测忙信号)→延时5 ms→写指令0x38 (不检测忙信号) 。

注意：后面每次写指令、读/写数据操作之前均需检测忙信号。

(2) 写指令0x38(显示模式设置)→写指令0x08(显示关闭)→写指令0x01(清屏)→写指令0x06(显示光标移动设置)→写指令0x0C(显示开及光标设置)。

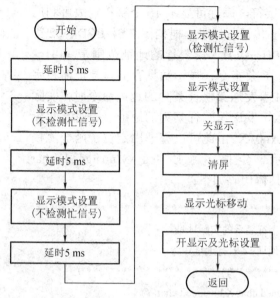

图 7-9　LCD1602 初始化过程流程图

具体 LCD1602 初始化子函数 LcdInitiate( )代码如下：

/***

函数功能：对 LCD 的显示模式进行初始化设置

***/

```
void LcdInitiate(void)
{
    delaynms(15);              //延时 15 ms，首次写指令时应给 LCD 一段较长的反应时间
    WriteInstruction(0x38);    //显示模式设置：16×2 显示，5×7 点阵，8 位数据接口
    delaynms(5);               //延时 5 ms
    WriteInstruction(0x38);
    delaynms(5);
    WriteInstruction(0x38);
    delaynms(5);
    WriteInstruction(0x0c);    //显示模式设置：显示开，无光标，光标不闪烁
    delaynms(5);
    WriteInstruction(0x06);    //显示模式设置：光标右移，字符不移
    delaynms(5);
    WriteInstruction(0x01);    //清屏幕指令，将以前的显示内容清除
    delaynms(5);
}
```

5) 定位子函数

不同的系统对液晶模块显示的要求不同，往往需要能将特定的数据显示在液晶模块的指定位置上，所以可以设计一个可任意指定液晶模块显示位置的子函数。由于

LCD1602 可显示两行字符，每行可显示 16 个字符，故可利用 X 传递列地址，利用 Y 传递行地址。根据图 7-5，LCD1602 第一行的地址范围是 00H～0FH，第二行的地址范围是 40H～4FH，根据表 7-2 的第 8 条指令，显示数据存储器地址需将字节的最高位置 1，意味着发送第一行某列的地址命令时，实际应发送数据为 0x80+X，发送第二行某列的地址命令时，实际应发送数据为 0x80+0x40+X。由此可以整理出定位子函数流程图，如图 7-10 所示，定位子函数 lcd_xy(unsigned char X,unsigned char Y)的具体代码如下：

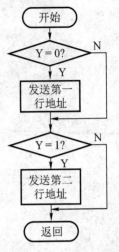

图 7-10   定位子函数流程图

```
/*********************************************
函数功能：指定字符显示的实际地址
入口参数：X(列地址)，Y(行地址)
*********************************************/
void lcd_xy(unsigned char X,unsigned char Y)
{
  if(Y==0)
       lcdwc(0x80+X);
  if(Y==1)
       lcdwc(0x80+0x40+X);
}
```

4. LCD1602 显示流程

LCD1602 显示流程分为初始化、显示定位、显示等过程，其流程图如图 7-11 所示。

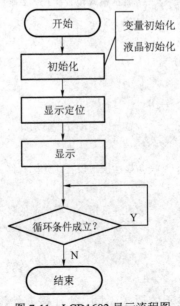

图 7-11   LCD1602 显示流程图

7.2 案例 1——显示 HELLO MCU

7.2.1 任务分析

显示 HELLO MCU 案例的具体设计要求是利用 LCD1602 液晶屏，在第一行居中位置显示 HELLO MCU 字符串。

本案例的仿真电路图如图 7-12 所示，当系统工作时，LCD1602 液晶屏的第一行居中的位置将显示 HELLO MCU。读者可扫描右侧的二维码观看本案例的演示效果。

显示 HELLO MCU
效果演示

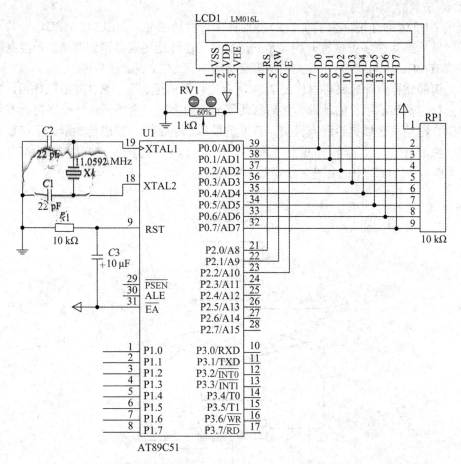

图 7-12 显示 HELLO MCU 仿真电路图

本案例的系统设计方案如图 7-13 所示，系统由单片机、电源电路、时钟电路、复位电路和 LCD1602 显示电路构成，此处 LCD1602 显示接口电路的连接方式采用模拟口线方式。

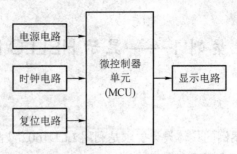

图 7-13　显示 HELLO MCU 系统设计方案

7.2.2　案例分析

本案例的硬件电路设计如图 7-12 所示，包含时钟电路、复位电路和 LCD1602 显示接口电路。

根据 7.1.2 节的介绍，为了在 LCD1602 的第一行居中显示 HELLO MCU，一共 9 个字符，需设置从第 4 个字符位置开始显示。然后利用循环调用送数据到液晶显示控制器子函数分别将 H、E、L、L、O、M、C、U 等字符送出至 LCD1602 液晶屏。

本案例的软件设计思路可以用图 7-14 所示流程图梳理如下：系统开始工作后，先初始化，然后指定需显示字符的地址，然后判断需显示的字符是否是最后一个字符，若是最后一个字符，则结束送数据给液晶模块；若不是最后一个字符，则送需显示的字符数据给液晶模块，然后取下一个字符。 其中液晶初始化、送地址、送数据均可直接调用 7.1.2 节第 3 小节 "基本子函数" 中的各基本子函数来实现。

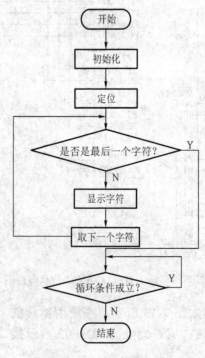

图 7-14　主函数流程图

7.2.3　操作手册

显示 HELLO MCU
操作手册

读者可扫描右侧的二维码阅读本案例的操作手册，根据操作手册的指导完成本案例的演练。

7.2.4　举一反三

通过案例的学习，读者可以在理解案例的基础上进行一些拓展训练，思考以下几个问题该如何解决：

(1) 若要在第二行起始位置显示自己的学号，该如何编程呢？

(2) 若要在第二行右对齐显示自己的学号，又该如何编程呢？

(3) 若想每间隔 5 s 后切换显示的内容，具体内容为学号或者 Hello MCU，又该如何编程呢？

7.3　案例 2——24 s 倒计时

7.3.1　任务分析

24 s 倒计时效果演示

24 s 倒计时案例的具体设计要求是利用 LCD1602 液晶屏，在第二行左对齐显示 24 s 倒计时时间，系统开机运行即开始倒计时，倒计时到 0 后停止计时。

本案例的仿真电路图如图 7-12 所示，当系统工作时，LCD1602 液晶屏的第二行第一个字符的位置显示倒计时时间。读者可扫描右侧的二维码观看本案例的演示效果。

本案例的系统设计方案如图 7-13 所示，系统由单片机、电源电路、时钟电路、复位电路和 LCD1602 显示电路构成，此处 LCD1602 显示接口电路的连接方式采用模拟口线方式。

7.3.2　案例分析

本案例的硬件设计和显示 HELLO MCU 案例是一样的，这里就不重复分析了。由于本案例实现的是倒计时时间显示，所显示的时间数值随着时间的流逝需要不断地更新，因此需要通过 1 个计时变量来保存当前倒计时的时间数值。本案例的软件设计思路可以用图 7-15 所示的流程图梳理如下：系统开始工作后，初始化(包含变量初始化、液晶初始化、定时器初始化等)，然后判断循环条件是否成立，若不成立则程序结束；若成立则判断是否有 1 s 时间到达标志(time=1)。若没有标志则回到循环条件判断；若有则表示 1 s 计时时间到了，将倒计时变量减 1，并判断倒计时变量是否小于 0。若小于 0 则表示倒计时结束了，将倒计时变量置为 0，然后显示时间并清除 1 s 时间到达标志(time=0)；若倒计时变量不小于 0，则直接显示时间并清除 1 s 时间到达标志。定时器初始化子函数流程图如图 7-16 所示，仿真时将定时器设置为定时模式工作方式 1，若使用实物调试则将定时器设置为定时模式工作方式 0。秒计时的定时器中断函数流程图如图 7-17 所示，定时器每 50 ms 中断 1 次，故累计定时器中断达到 20 次则表示 1 s 计时时间到达，设置标志(time=1)，同时清除累计定时器中断次数变量(j=0)。

注意：LCD1602 液晶屏上显示的只能是字符，因此想要在 LCD1602 液晶屏上显示 "20"，实际是分别送 "2" 和 "0" 两个字符给 LCD1602 液晶屏，也就是说需要分别拆分计时时间变量 sec 值的十位数和个位数，并将其转换为相应的 ACSII 码，再送给 LCD1602 液晶屏显示。

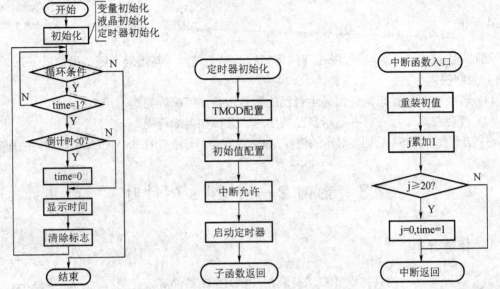

图 7-15 主函数流程图   图 7-16 定时器初始化子函数流程图   图 7-17 定时器中断函数流程图

7.3.3 操 作 手 册

读者可扫描右侧的二维码阅读本案例的操作手册，根据操作手册的指导完成本案例的演练。

24 s 倒计时操作手册

7.3.4 举 一 反 三

通过案例的学习，读者可以在理解案例的基础上进行一些拓展训练，思考以下几个问题该如何解决：

(1) 若需要根据程序流程图编写显示程序，设计完成 LCD1602 液晶屏显示 0~59 s 计时，要求第一行固定居中显示 Time，第二行居中显示时间，该如何编程呢？

(2) 如果显示时间时，液晶上始终显示 0，没有变化，是什么原因造成的呢？

(3) 如果计时到 59 后没有回到 0，而是一直计时到 99 后才回到 0，又是什么原因造成的呢？

7.4 案例 3 ——12 min 计时

7.4.1 任 务 分 析

12 min 计时案例的具体设计要求是利用 LCD1602 液晶屏，在第二行右对齐显示 12 min 计时时间，系统开机运行即开始计时，当计时时间到达 12 min 后，计时变量清零，重新开始计时。

本案例的仿真电路图如图 7-12 所示，系统设计方案如图 7-13 所示，当系统工作时，LCD1602 液晶屏的第二行最后两个字符的位置显示计时时间。读者可扫描右侧的二维码观看本案例的演示效果。

12 min 计时效果演示

7.4.2 案例分析

本案例的硬件设计和显示 HELLO MCU 案例是一样的，这里就不重复分析了。由于本案例实现的是计时时间显示，其实现原理和 24 s 倒计时案例是一样的，所不同的是在 24 s 倒计时案例中 LCD1602 的显示内容是随着时间每流逝 1 s 而递减 1，而本案例中的显示内容是随着时间每流逝 1 min 而递增 1。

本案例的软件设计思路可以用图 7-18 所示的流程图梳理如下：系统开始工作后，初始化(包含变量初始化、液晶模块初始化、定时器初始化等)，然后判断循环条件是否成立，若不成立则程序结束；若成立则判断是否有 1 min 时间到达标志(time=1)。若没有标志则回到循环条件判断；若标志 time 为 1 则表示 1 min 计时时间到了，则将计时变量加 1，并判断计时变量是否大于或等于 12。若等于 12 则表示计时结束了，将计时变量置为 0，然后显示时间并清除 1 min 时间到达标志(time=0)；若计时变量小于 12 则直接显示时间并清除 1 min 时间到达标志。定时器初始化子函数流程图如图 7-16 所示。分钟计时的定时器中断函数流程图如图 7-19 所示，定时器每 50 ms 中断 1 次，故利用 j 变量累计定时器中断次数，达到 1200 次则表示 1 min 计时时间到达，设置标志(time=1)，同时清除累计定时器中断次数变量(j=0)。显示子函数的处理可参考图 7-20 所示流程图，首先定位显示值所在位置，然后分别送显示值的"十位数"和"个位数"字符给液晶模块。

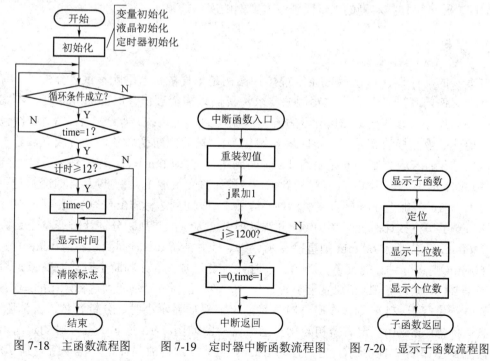

图 7-18 主函数流程图   图 7-19 定时器中断函数流程图   图 7-20 显示子函数流程图

7.4.3　操作手册

12 min 计时操作手册

读者可扫描右侧的二维码阅读本案例的操作手册,根据操作手册的指导完成本案例的演练。

7.4.4　举一反三

通过案例的学习,读者可以在理解案例的基础上进行一些拓展训练,思考以下几个问题该如何解决:

(1) 若需要 12 min 计时显示格式为 12:00,即要求显示秒,程序该如何修改呢?

(2) 若 12 min 计时完成时,计时就停止,不再循环计时,程序又该如何修改呢?

7.5　案例 4 ——电子钟计时

7.5.1　任务分析

电子钟计时效果演示

电子钟计时案例的具体设计要求是利用 LCD1602 液晶屏,在第一行居中位置显示电子钟时间,系统开机运行即开始计时,时间显示格式为"23:12:45"。

本案例的仿真电路图如图 7-12 所示,系统设计方案如图 7-13 所示,当系统工作时,LCD1602 液晶屏的第一行第 5 个字符的位置开始显示电子钟时间。读者可扫描右侧的二维码观看本案例的演示效果。

7.5.2　案例分析

本案例的硬件设计和显示 HELLO MCU 案例是一样的,这里就不重复分析了。有了前面几个案例的基础,要实现本案例的要求,我们只需梳理出计时的原理即可。本案例的软件设计思路可以用图 7-21 所示的流程图梳理如下:系统开始工作后,初始化(包含变量初始化、液晶模块初始化、定时器初始化等),然后判断循环条件是否成立,若不成立则程序结束;若成立则判断是否有 1 s 时间到达标志(即 time=1)。若没有标志则回到循环条件判断;若有则表示 1 s 计时时间到了,将秒计时变量加 1,并判断秒计时变量是否大于或等于 60 s,若小于 60 s 则直接显示秒,清除 1 s 时间到达标志(time=0);若等于 60 s 则表示 1 min 了,将秒计时变量置为 0,分钟计时变量加 1,并判断分钟计时变量是否大于或等于 60 min。若小于 60 min 则直接显示分钟、秒并清除 1 s 时间到达标志(time=0);若等于 60 min 则将分钟计时变量置为 0,小时计时变量加 1,并判断小时计时变量是否大于或等于 24 h。若小于 24 h 则显示小时、分钟、秒并清除 1 s 时间到达标志(time=0);若小时计时变量等于 24 h 则将小时计时变量清零,然后显示小时、分钟、秒,并清除 1s 时间到达标志(time=0)。定时器初始化子函数流程图如图 7-16 所示,秒计时的定时器中断函数流程图如图 7-17 所示,定时器每 50 ms 中断 1 次,故累计定时器中断达到 20 次则表示 1 s 计时时间到达，设置标志(time=1)，同时清除累计定时器中断次数变量(j=0)。
显示子函数的处理可参考图 7-20 所示流程图，首先定位显示值所在位置，然后分别送显
示值的"十位数"和"个位数"字符给液晶模块。

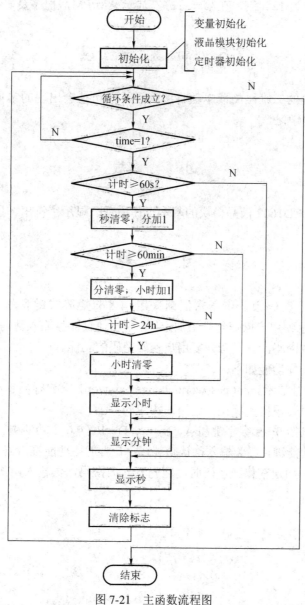

图 7-21 主函数流程图

7.5.3 操作手册

读者可扫描右侧的二维码阅读本案例的操作手册，根据操作手册的
指导完成本案例的演练。

电子钟计时操作手册

7.5.4　举一反三

通过案例的学习，读者可以在理解案例的基础上进行一些拓展训练，思考一下：若需要电子钟计时方式改为 12 h 制，在第一行靠左显示 AM/PM，程序要如何修改呢？

常见错误

7.6　常 见 错 误

读者可扫描右侧的二维码阅读本项目所列设计中可能会出现的常见错误，以便更深入地学习。

小　　结

本项目介绍了 LCD1602 液晶模块的基本工作原理、显示字符串、显示数值等内容。

习　　题

请设计一款电子密码锁，电子密码锁采用 4×4 矩阵式键盘作为输入设备，通过 LCD1602 液晶屏显示使用户操作起来更加方便。用户通过键盘输入密码，如果正确则开锁。用户还可以自行修改密码，且具有恢复用户初始密码的功能。

电子密码锁的具体功能如下：

(1) 显示屏第一行显示 input password/change password；第二行显示 please press A/please press B。当有输入时，根据实际操作给用户相应的提示。

(2) 4×4 键盘包括 0～9 数字键和 A、B、C、D、E、F 6 个功能键。A 为输入密码功能键，B 为修改密码功能键，C 为输入确认功能键，F 为退格功能键。

特别指出的是，用户在修改密码时，应先输入旧密码，再输入两次相同的新密码，新密码才能被确认。

项目8 电子广告牌 —— 串口及点阵屏应用

8.1 项 目 综 述

8.1.1 项目意义及背景

电子广告牌是人们随处可见的一种电子产品，它可以根据用户的不同需求随意更新显示的内容，它是如何实现的呢？不同的电子广告牌采用的方案不一样，但它们都需要和单片机通信。常见的通信基本接口方式可分为并行和串行两种。

本书在此前的案例中所应用的都属于并行通信方式，并行通信是指数据的每一位同时分别在多根数据线上发送或接收。并行通信的特点：各数据位同时传送，传送速度快，效率高，有多少数据位就需要多少根数据线，传送成本高。在集成电路芯片的内部，同一插件板上各部件之间、同一机箱内部插件之间等的数据传送是并行的，并行数据传送的距离通常小于 30 m。

串行通信是指数据的每一位在同一根数据线上按顺序逐位发送或者接收。串行通信的特点：数据传输按位顺序进行，最少只需一根传输线即可完成，成本低，速度慢。计算机与远程终端、远程终端与远程终端之间的数据传输通常都是串行的。与并行通信相比，串行通信还有较为显著的特点：传输距离较长，从几米到几千米；串行通信的通信时钟频率较易提高；串行通信的抗干扰能力十分强，其信号间的互相干扰完全可以忽略。但是串行通信传送速度比并行通信慢得多。而串行又有 RS232、RS485、I^2C、SPI、USB 等多种类型，本项目将着重介绍 STC8 系列单片机的串口通信，并以利用单片机控制点阵屏为例详细阐述单片机的串口和点阵屏的应用方法。

本项目将通过串口发送 HELLO MCU、串口接收 HELLO MCU、电子广告牌和滚动显示屏 4 个案例使读者循序渐进地学习单片机的串口及点阵屏的应用方法。

8.1.2 知识准备

1. 串行通信的分类

串行通信在一根传输线上既要传送数据信息又要传送联络控制信息。为了能区分数据信息和控制信息，串行通信有固定的数据格式要求，即异步数据格式和同步数据格式，相应地，就有异步通信和同步通信两种通信方式。

1) 异步通信

异步通信是以字符为信息单位传送信息的。每个字符即为一帧数据，可以随机出现在数据流中，即发送端发出的每个字符在数据流中出现的时间是任意的，接收端预先并不知道。通过规定字符帧格式，接收端就知道发送端何时开始发送数据、何时数据发送完。

字符帧格式如图 8-1 所示，由起始位、数据位、奇偶校验位和停止位 4 部分组成。

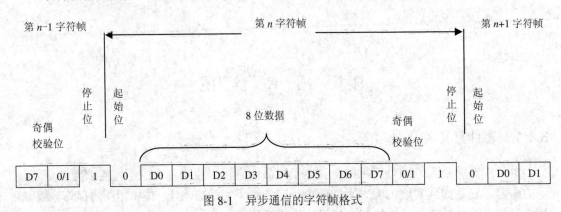

图 8-1　异步通信的字符帧格式

各部分功能如下：

① 起始位：占 1 位，始终为逻辑 0 低电平，用于向接收设备表示发送端开始发送一帧信息。

② 数据位：根据情况可取 5 位、6 位、7 位或 8 位，低位在前、高位在后。

③ 奇偶校验位：占 1 位，用于表征串行通信中采用奇校验还是偶校验。

④ 停止位：为逻辑"1"高电平，通常可取 1 位、1.5 位或 2 位，向接收端表示一帧数据已传送结束。

通信过程中，发送端逐帧发送信息，接收端逐帧接收信息。相邻字符帧之间可以无空闲位，也可以有空闲位，由用户根据需要设定。

2) 同步通信

同步通信以数据块为信息单位传送信息，每帧信息包括成百上千个字符，每个字符也由 5~8 位组成，其格式如图 8-2 所示。同步字符位于帧开头，可以是 1~2 字符，采用两个同步字符的，称为双同步方式。采用一个同步字符的，称为单同步方式。校验字符有 1~2 个，位于帧末尾，用于接收端对接收到的数据字符的正确性校验。

同步字符	数据字符 1	数据字符 2	…	数据字符 n	校验字符 1	校验字符 2

图 8-2　同步通信的字符帧格式

同步通信中字符帧内部位与位之间传送是同步的，字符与字符之间传送也是同步的，对同步时钟要求非常严格。

同步传送的优点是可得到较高的传送速率，通常可达到 56 Mb/s 或更高；缺点是要求发送时钟和接收时钟保持严格同步，硬件较复杂。

2. 串行通信的制式

串行通信中，数据通常是在两个站之间传送的，按照数据流的方向可分成单工、半双工和全双工 3 种制式。

1) 单工制式

使用一根传输线，由发送器传送至接收器，如图 8-3 所示。

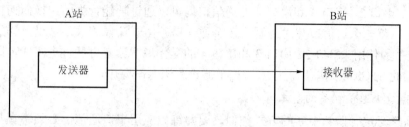

图 8-3 单工制式

2) 半双工制式

使用同一根传输线既作接收又作发送，虽然数据可以在两个方向上传送，但在某一时刻，只能有一端发送，如图 8-4 所示。

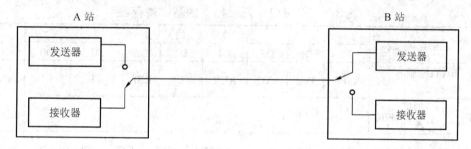

图 8-4 半双工制式

3) 全双工制式

使用两根不同的传输线传送，通信双方能在同一时刻进行发送和接收操作，这种方式即为全双工制式，如图 8-5 所示。

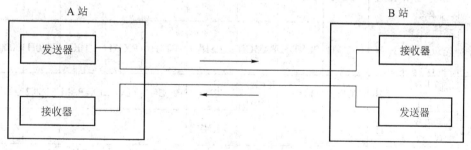

图 8-5 全双工制式

3. STC8 系列单片机的串行接口

STC8 系列单片机具有 4 个全双工异步串行通信接口(串口 1、串口 2、串口 3 和串口 4)。每个串口由 2 个数据缓冲器、1 个移位寄存器、1 个串行控制寄存器、1 个波特率发生器等组成。每个串行口的数据缓冲器由 2 个互相独立的接收、发送缓冲器构成，可以同时发送和接收数据。

STC8 系列单片机的串口 1 有 4 种工作方式，其中两种方式的波特率是可变的，另两种是固定的，以供不同应用场合选用。串口 2、串口 3、串口 4 都只有两种工作方式，这两种方式的波特率都是可变的。用户可以用软件设置不同的波特率和选择不同的工作方式。主机可通过查询或中断方式对接收/发送进行程序处理，使用十分灵活。

　　串口1、串口2、串口3 和串口4 的通信口均可以通过功能管脚的切换而切换到多组端口，从而可以将一个通信口分时复用为多个通信口。由于篇幅关系，这里仅详细介绍串口1 工作方式1 的使用，串口2、串口3 和串口4 的具体说明读者可通过查阅江苏国芯科技有限公司提供的 STC8 系列单片机技术数据手册进行深入研究。

　　1) 与串口1 通信相关的基本寄存器

　　和前面学习定时器和中断的方式类似，要熟练地应用串口通信，必须掌握与其有关的特殊功能寄存器，但不是死记硬背，一定要会查、会读、会写。与 STC8 系列单片机串口1 通信相关的寄存器有 10 个，如表 8-1 所示，其中 IE、IP 和 IPH 在项目 4 中已详细介绍，SADDR 和 SADEN 是应用于多机通信系统中，此处将略过多机通信的介绍，下面对其余 5 个寄存器进行介绍。

表 8-1　与串口1 通信相关的基本寄存器

符号	描述	地址	位地址与符号								复位值
			D7	D6	D5	D4	D3	D2	D1	D0	
SCON	串口1控制寄存器	98H	SM0/FE	SM1	SM2	REN	TB8	RB8	TI	RI	0000,0000
SBUF	串口1缓冲寄存器	99H									0000,0000
PCON	电源控制寄存器	87H	SMOD	SMOD0	LVDF	POF	GF1	GF0	PD	IDL	0011,0000
IE	中断允许寄存器	A8H	EA	ELVD	EADC	ES	ET1	EX1	ET0	EX0	0000,0000
IP	中断优先级控制寄存器	B8H	PPCA	PLVD	PADC	PS	PT1	PX1	PT0	PX0	0000,0000
IPH	高中断优先级控制寄存器	B7H	PPCAH	PLVDH	PADCH	PSH	PT1H	PX1H	PT0H	PX0H	0000,0000
AUXR	辅助寄存器1	8EH	T0x12	T1x12	UART_M0x6	T2R	T2_C/T̄	T2x12	EXTRAM	S1ST2	0000,0001
AUXR2	辅助寄存器2	97H	—	—	—	TXLNRX	—	—	—	—	xxxn,xxxx
SADDR	串口1从机地址寄存器	A9H									0000,0000
SADEN	串口1从机地址屏蔽寄存器	B9H									0000,0000

　　(1) 串口1 控制寄存器 SCON。

　　SCON 用于设置串口的工作方式、监视串口的工作状态、接收/发送控制以及设置状态标志。字节地址为 98H，复位值为 0x00，既可字节寻址又可位寻址，其格式如表 8-2 所示。

表 8-2　串口 1 控制寄存器 SCON 各位的格式

D7	D6	D5	D4	D3	D2	D1	D0
SM0/FE	SM1	SM2	REN	TB8	RB8	TI	RI

SM0/FE：当 PCON 寄存器中的 SMOD0 位为 1 时，该位为帧错误检测标志位。当 UART 在接收过程中检测到一个无效停止位时，通过 UART 接收器将该位置 1，必须由软件清零。当 PCON 寄存器中的 SMOD0 位为 0 时，该位和 SM1 一起指定串口 1 的通信工作模式。

SM0 和 SM1：工作方式选择位，用于设定串口工作方式，详细定义如表 8-3 所示。

表 8-3　串口工作方式

SM0	SM1	串口 1 工作方式	功能说明	波特率说明
0	0	方式 0	同步移位串行方式	当 UART_M0x6=0 时，波特率是 SYS$_{clk}$/12； 当 UART_M0x6=1 时，波特率是 SYS$_{clk}$/2
0	1	方式 1	可变波特率 8 位数据方式	当串口 1 用定时器 T1 的方式 0 或定时器 T2 作为波特率发生器时，波特率=定时器溢出率/4，此时波特率与 SMOD 无关。 当串口 1 用定时器 T1 的方式 2 作为波特率发生器时，波特率=(2^{SMOD}/32)×定时器 T1 溢出率
1	0	方式 2	固定波特率 9 位数据方式	波特率=(2^{SMOD}/64)× SYS$_{clk}$ 系统工作时钟
1	1	方式 3	可变波特率 9 位数据方式	当串口 1 用定时器 T1 的方式 0 或定时器 T2 作为波特率发生器时，波特率=定时器溢出率/4，此时波特率与 SMOD 无关。 当串口 1 用定时器 T1 的方式 2 作为波特率发生器时，波特率=(2^{SMOD}/32)×定时器 T1 溢出率

SM2：多机通信控制位，主要在方式 2 和方式 3 下使用。详细的内容读者可查阅江苏国芯科技有限公司提供的 STC8 系列单片机技术数据手册。

REN：允许/禁止串行口接收控制位。REN=0，禁止串行口接收；REN=1，允许串行口接收。由软件置位或清零。

TB8：发送数据第 9 位。用于在方式 2 和方式 3 时存放发送数据第 9 位。由软件置位或清零。

RB8：接收数据第 9 位。用于在方式 2 和方式 3 时存放接收数据第 9 位(奇偶位或地址/数据标识位)。在方式 1 下，若 SM2=0，则 RB8 用于存放接收到的停止位；在方式 0 下，不使用 RB8。

TI：发送中断标志位。在方式 0 下，发送电路发送完第 8 位数据时，TI 由硬件置位；在其他方式下，TI 在发送电路开始发送停止位时置位。不管是什么方式，都需要由软件清零。

RI：接收中断标志位。在方式 0 下，RI 在接收电路接收到第 8 位数据时由硬件置位；在其他方式下，RI 总是在接收电路接收到停止位的中间位置时置位。无论何种方式，都由软件清零。

注意：当发送或者接收完一帧数据时，硬件都会分别置位 TI 和 RI，此时，无论哪个置位，都会向 CPU 发出请求，所以 CPU 不知道是发送还是接收中断，因此我们在中断服务程序中需要通过软件查询的方式来确定中断源。

(2) 串口 1 缓冲寄存器 SBUF。

STC8 系列单片机的串口 1 缓冲寄存器 SBUF 字节地址为 99H，该寄存器的实质是两个缓冲寄存器(发送寄存器和接收寄存器)，但是共用一个字节地址，以便能以全双工制式进行通信。此外，在接收寄存器之前还有移位寄存器，从而构成了串行接收的双缓冲结构，这样可以避免在数据接收过程中出现重叠错误。发送数据时，由于 CPU 是主动的，不会发生帧重叠错误，因此发送电路不需要双重缓冲结构。在逻辑上，SBUF 只有一个，它既表示发送寄存器，又表示接收寄存器，具有同一个单元地址 99H。但在物理结构上，则有两个完全独立的 SBUF，一个是发送缓冲寄存器 SBUF，另一个是接收缓冲寄存器 SBUF。如果 CPU 写 SBUF，数据就会被送入发送缓冲寄存器准备发送；如果 CPU 读 SBUF，则读入的数据一定来自接收寄存缓冲器。即 CPU 对 SBUF 的读写，实际上是分别访问上述两个不同的寄存器。

(3) 电源控制寄存器 PCON。

PCON 寄存器也是特殊功能寄存器，字节地址是 87H，不能位寻址，复位值为 0x30，其格式如表 8-4 所示。

表 8-4　电源控制寄存器 PCON 各位的格式

D7	D6	D5	D4	D3	D2	D1	D0
SMOD	SMOD0	LVDF	POF	GF1	GF0	PD	IDL

该寄存器不仅与串口有关，还和中断有关，限于篇幅，中断部分这里不展开，请读者自行查阅江苏国芯科技有限公司提供的 STC8 系列单片机技术数据手册。这里介绍与串口有关的位定义描述。

SMOD：波特率选择位。当该位为 1 时，串行通信方式 1、2 和 3 的波特率加倍；当该位为 0 时，各工作方式的波特率不加倍。

SMOD0：帧错误检测有效控制位。当该位为 1 时，SCON 寄存器中的 SM0/FE 比特位用于 FE(帧错误检测)功能；当该位为 0 时，SCON 寄存器中的 SM0/FE 比特位用于 SM0 功能，该位和 SM1 比特位一起用来确定串口的工作方式。

(4) 辅助寄存器 1 AUXR。

该寄存器也是特殊功能寄存器，字节地址是 8EH，可位寻址，复位值是 0x01。该寄存器在本书项目 5 中有所介绍，为便于学习，这里再介绍一下与串口有关的 3 位，AUXR 各位的格式如表 8-5 所示。

表 8-5　辅助寄存器 AUXR 各位的格式

D7	D6	D5	D4	D3	D2	D1	D0
T0x12	T1x12	UART_M0x6	T2R	T2_C/$\overline{\text{T}}$	T2x12	EXTRAM	S1ST2

T1x12：如果 UART1/串口 1 用定时器/计数器 T1 作为波特率发生器，则由 T1x12 位决定 UART1/串口 1 是 12T 还是 1T，UART1/串口 1 的速度由 T1 的溢出率决定。

UART_M0x6：串口 1 方式 0 的通信速度设置位。为 0 时 UART1/串口 1 方式 0 的速度是传统 8051 单片机串口的速度，即 12 分频；为 1 则 UART1/串口 1 方式 0 的速度是传统 8051 单片机串口速度的 6 倍，即 2 分频。

S1ST2：串口 1(UART1)选择定时器/计数器 T2 作波特率发生器的控制位。为 0 时选择定时器/计数器 T1 作为串口 1(UART1)的波特率发生器；为 1 时选择定时器/计数器 T2 作为串口 1(UART1)的波特率发生器，此时定时器/计数器 T1 得到释放，可以作为独立定时器使用。

(5) 辅助寄存器 2 AUXR2。

该寄存器也是特殊功能寄存器，字节地址是 97H，字节寻址，AUXR2 各位的格式如表 8-6 所示。这个寄存器中目前只有 1 位是有效位——TXLNRX，它是串口 1 中继广播方式控制位。TXLNRX 若为 0 则串口 1 为正常模式，若为 1 则串口 1 为中继广播方式，即将 RxD 端口输入的电平状态实时输出在 TxD 外部管脚上，TxD 外部管脚可以对 RxD 管脚的输入信号进行实时整性放大输出。

表 8-6　辅助寄存器 AUXR2 各位的格式

D7	D6	D5	D4	D3	D2	D1	D0
—	—	—	TXLNRX	—	—	—	—

内部有一个可编程全双工串行通信接口，可作为 UART，也可作同步移位寄存器。接下来讨论该接口的内部结构、工作方式及波特率。

2) 串口 1 的工作方式 1 介绍

由表 8-3 可知，设定不同的 SM0 和 SM1，可配置为不同的工作方式。假定我们将其配置为工作方式 1，此方式为 8 位 UART 格式，一帧数据包括 10 位，具体各个位的含义见图 8-1，并且波特率可按需求人为设定。这样串口工作方式 1 的内部结构如图 8-6 所示，同时发送和接收数据时序如图 8-7、图 8-8 所示。

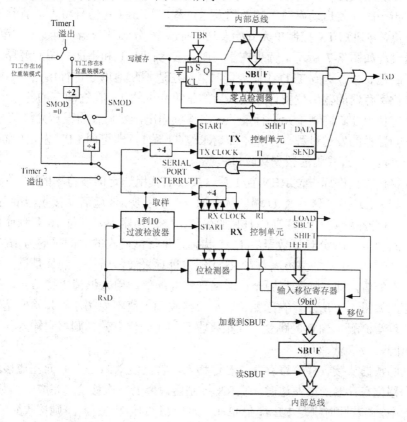

图 8-6　串口内部结构示意简图

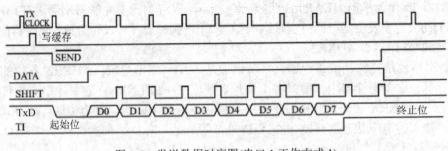

图 8-7　发送数据时序图(串口 1 工作方式 1)

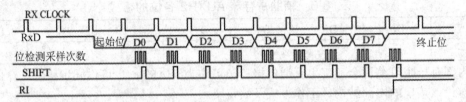

图 8-8　接收数据时序图(串口 1 工作方式 1)

　　接下来，我们结合内部结构图和时序图来简单分析一下数据的发送和接收过程，等大家掌握了这个过程，其他串口、工作方式都是类似，读者就可自行分析了。

　　(1) 串口 1 工作方式 1 的数据发送过程。

　　当串口 1 发送数据时，数据从单片机的串行发送引脚 TxD 发送出去。当主机执行一条写 SBUF 的指令时，就启动串口 1 的数据发送过程，写 SBUF 信号将 1 加载到发送移位寄存器的第 9 位，并通知 TX 控制单元开始发送。通过 16 分频计数器，同步发送串行比特流，完整的发送过程如图 8-7 所示，读者在学习时可参考图 8-1 和下面对图的解释。移位寄存器将数据不断地右移，送到 TxD 引脚。同时，在左边不断地用 0 进行填充。当数据的最高位移动到移位寄存器的输出位置，紧跟其后的是第 9 位的 1，在它的左侧各位全部都是 0，这个条件状态使得 TX 控制单元进行最后一次移位输出，然后使得发送允许信号 SEND 失效，结束一帧数据的发送过程，并将中断请求位 TI 置 1，即可向 CPU 发出中断请求信号。

　　(2) 串口 1 工作方式 1 的数据接收过程。

　　当软件将接收允许标志位 REN 置 1 后，接收器就用选定的波特率的 16 分频速率采样串行接收引脚 RxD。当检测到 RxD 端口从 1 到 0 的负跳变后，就启动接收器准备接收数据。同时，复位 16 分频计数器，将值 0x1FF 加载到移位寄存器中。复位 16 分频计数器使得它与输入位时间同步。16 分频计数器的 16 个状态是将每位接收的时间平均为 16 等份。在每位时间的第 7、8 和 9 状态由检测器对 RxD 端口进行采样，所接收的值是这次采样值经过"三中取二"的值，即三次采样中至少有两次相同的值，用来抵消干扰信号、提高接收数据的可靠性，如图 8-8 所示。在起始位，如果接收到的值不为 0，则起始位无效，复位接收电路，并重新检测 1 到 0 的跳变。如果接收到的起始位有效，则将它输入移位寄存器，并接收本帧的其余信息。

　　接收到的数据从接收移位寄存器的右边移入，将已装入的 0x1FF 向左边移出。当起始位 0 移动到移位寄存器的最左边时，使 RX 控制器做最后一次移位，完成一帧数据的接收。在接收过程中，倘若同时满足 RI=1，SM2=0 或接收到的停止位为 1，则接收到的数据有效，实现加载到 SBUF，停止位进入 RB8，置位 RI，向 CPU 发出中断请求信号。如果这两个条件不能同时满足，则将接收到的数据丢弃，无论条件是否满足，接收机重新检测 RxD 端口上 1 到 0 的跳变，继续接收下一帧数据。如果接收有效，则在响应中断后，必须由软件将标志位 RI 清零。

(3) 串口 1 工作方式 1 的波特率计算。

波特率(baud rate)是串行通信中的重要指标，反映了串行传送数据的速率，亦称比特率。波特率的定义是每秒传输二进制数码的位数，单位是 b/s(bit per second)。例如：波特率为 9600 b/s 是指每秒钟能传输 9600 位二进制数码。波特率的倒数即为每位数据传输时间。例如：波特率为 9600 b/s，每位的传输时间 $T_d = 1 / 9600 = 1.042 \times 10^{-4}(s)$。

串行通信方式 1 的波特率是可变的，可变的波特率由定时器/计数器 T1 或定时器 T2 产生，优先选择定时器 T2 产生波特率。当定时器采用 1T 模式(12 倍速)时，波特率的速度也会相应提高 12 倍。串口 1 工作方式 1 的波特率计算公式如表 8-7 所示。

表 8-7 串口 1 工作方式 1 的波特率计算公式

选择定时器	定时器速度	波特率计算公式
定时器 T2	1T	定时器 T2 重载值 $= 65536 - \dfrac{SYS_{clk}}{4 \times 波特率}$
	12T	定时器 T2 重载值 $= 65536 - \dfrac{SYS_{clk}}{12 \times 4 \times 波特率}$
定时器 T1 模式 0	1T	定时器 T1 重载值 $= 65536 - \dfrac{SYS_{clk}}{4 \times 波特率}$
	12T	定时器 T1 重载值 $= 65536 - \dfrac{SYS_{clk}}{12 \times 4 \times 波特率}$
定时器 T1 模式 2	1T	定时器 T1 重载值 $= 256 - \dfrac{2^{SMOD} \times SYS_{clk}}{32 \times 波特率}$
	12T	定时器 T1 重载值 $= 256 - \dfrac{2^{SMOD} \times SYS_{clk}}{12 \times 32 \times 波特率}$

注：SYS_{clk} 为系统工作频率。

表 8-8 为常用频率与常用波特率所对应定时器的重载值。

表 8-8 常用频率与常用波特率所对应定时器的重载值

频率/MHz	波特率	定时器 T2		定时器 T1 模式 0		定时器 T1 模式 2			
						SMOD=1		SMOD=0	
		1T 模式	12T 模式	1T 模式	12T 模式	1T 模式	12T 模式	1T 模式	12T 模式
11.0592	115200	FFE8H	FFFEH	FFE8H	FFFEH	FAH	—	FDH	—
	56700	FFD0H	FFFCH	FFD0H	FFFCH	F4H	FFH	FAH	—
	38400	FFB8H	FFFAH	FFB8H	FFFAH	EEH	—	F7H	—
	19200	FF70H	FFF4H	FF70H	FFF4H	DCH	FDH	EEH	—
	9600	FEE0H	FFE8H	FEE0H	FFE8H	B8H	FAH	DCH	FDH

续表

频率/MHz	波特率	定时器 T2		定时器 T1 模式 0		定时器 T1 模式 2			
						SMOD=1		SMOD=0	
		1T 模式	12T 模式	1T 模式	12T 模式	1T 模式	12T 模式	1T 模式	12T 模式
18.432	115200	FFD8H	—	FFD8H	—	F6H	—	FBH	
	56700	FFB0H	—	FFB0H	—	ECH	—	F6H	
	38400	FF88H	FFF6H	FF88H	FFF6H	E2H	—	F1H	—
	19200	FF10H	FFECH	FF10H	FFECH	C4H	FBH	E2H	
	9600	FE20H	FFD8H	FE20H	FFD8H	88H	F6H	C4H	FBH
22.1184	115200	FFD0H	FFFCH	FFD0H	FFFCH	F4H	FFH	FAH	—
	56700	FFA0H	FFF8H	FFA0H	FFF8H	E8H	FEH	F4H	FFH
	38400	FF70H	FFF4H	FF70H	FFF4H	DCH	FDH	EEH	
	19200	FEE0H	FFE8H	FEE0H	FFE8H	B8H	FAH	DCH	FDH
	9600	FDC0H	FFD0H	FDC0H	FFD0H	70H	F4H	B8H	FAH

4. LED 点阵屏的原理及应用介绍

LED 点阵显示屏(简称 LED 点阵屏)作为一种现代电子媒体,具有灵活的显示面积(可任意地分割和瓶装),具有高亮度、工作电压低、功耗小、小型化、寿命长、耐冲击和性能稳定等特点,所以其应用极为广阔,目前正朝着高亮度、更高耐气候性、更高的发光密度、更高的发光均匀性、可靠性、全色化发展。8×8 LED 点阵屏实物如图 8-9 所示。

图 8-9　8×8 LED 点阵屏实物图

1) LED 点阵屏的内部原理

说到 LED 点阵屏,或许读者们会有一种畏难情绪,为何呢? 因为发光点太多了,虽然从原理上看,无非就是控制一个个二极管的亮灭,但是复杂的 LED 点阵屏,还要涉及算法、电路设计、电源设计等。不过,现在读者暂时不用考虑那些复杂的问题,先跟随笔者玩转这个 8×8 的点阵屏,之后再去挑战“大屏”吧。 读者前面已经学习了如何控制独立的 LED 的亮灭,之后又学习了数码管(一个数码管由几个 LED 组成),还有此处要学习的

8×8 LED 点阵屏，其实都是控制发光二极管，只是数量、排列不同罢了，8×8 LED 点阵屏内部原理图如图 8-10 所示，不同厂家生产的 LED 点阵屏，内部结构可能不一样，所以读者在进行实际产品开发时需要根据实际选购的 LED 点阵屏的内部结构确定驱动电路的设计。

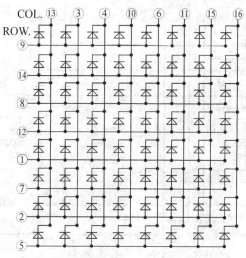

图 8-10　8×8 LED 点阵屏内部结构原理图

接着就其内部结构做简要分析，所谓 8×8 的 LED 点阵屏，就是按行列的方式将其 LED 阳极、阴极有序地连接起来，那什么是有序？就是将第 1，2，…，8 行 8 个 LED 的阳极都连在一起，作为行选择端(高电平有效)，接着将第 1、2，…，8 列 8 个 LED 的阴极连在一起，作为列选择端(低电平有效)。通过控制这 8 行、8 列数据端来控制每个 LED 的亮灭。例如，要让第一行的第一个灯亮，只需给 9 管脚高电平(其余行为低电平)，给 13 管脚低电平(其余列为高电平)；再如，要点亮第六行的第五个灯，那就是给 7 管脚(第六行)高电平，再给 6 管脚(第五列)低电平。同理，可以任意地控制这 64 个 LED 的亮灭，最后就可以显示出自己心中的美丽图画了。至于显示什么，读者可以尽情地发挥。

2) LED 点阵屏的硬件电路设计

在进行 LED 点阵屏的硬件电路设计时，主要有两个问题需要解决：其一，是一个 8×8 的 LED 点阵屏有 64 个发光二极管，而一个发光二极管需要 3～20 mA 的电流，那么 64 个 LED 就意味着单片机需要提供 192～1280 mA 的电流，那么单片机能不能输出这么大的电流呢？答案肯定是不行的，那怎么办？这里需要利用三极管扩流来解决问题。其二，原来的学习经验是单片机每控制 1 个发光二极管需要占用一个 I/O 口，现在一个 8×8 的 LED 点阵屏就需要 16 个 I/O 口，若需要控制多个 8×8 的 LED 点阵屏，那单片机 I/O 口资源肯定不够。那怎么办呢？这里可以利用串转并芯片 74HC595 来扩展单片机的 I/O 口。

74HC595 是硅结构的 COMS 器件，兼容低电压 TTL 电路，遵守 JEDEC 标准。74HC595 内部主要由 8 个移位寄存器、存储寄存器和缓冲器组成，具体如图 8-11 所示。74HC595 管脚说明如表 8-9 所示，74HC595 真值表如表 8-10 所示。移位寄存器和存储寄存器的时钟是分开的。数据在 SH_CP(移位寄存器时钟输入)的上升沿输入移位寄存器，在 ST_CP(存储寄存器时钟输入)的上升沿输入存储寄存器。如果两个时钟连在一起，则移位寄存器总是比存储器早一个脉冲。移位寄存器有一个串行移位输入端(DS)和一个串行输出端(Q7')，还有一个异步低电平复位，存储寄存器有一个并行 8 位且具备三态的总线输出，当使能 OE(为低电平)时，存储寄存器的数据输出到总线。

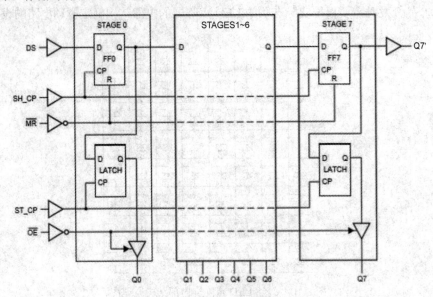

图 8-11　74HC595 内部结构简图

表 8-9　74HC595 管脚说明表

引脚号	符号(名称)	端口描述
15、1~7	Q0~Q7	8 位并行数据输出口
8	GND	电源地
16	VCC	电源正极
9	Q7'	串行数据输出
10	$\overline{MR}$	主复位(低电平有效)
11	SH_CP	移位寄存器时钟输入
12	ST_CP	存储寄存器时钟输入
13	O_E	输出使能端(低电平有效)
14	DS	串行数据输入

表 8-10　74HC595 真值表

ST_CP	SH_CP	$\overline{MR}$	O_E	功能描述
×	×	×	H	Q0~Q7 输出为三态
×	×	L	L	清空移位寄存器
×	↑	H	L	移位寄存器锁定数据
↑	×	H	L	存储寄存器并行输出

74HC595 时序图如图 8-12 所示，读时序图应从左到右并行执行，然后从上到下依次解析。

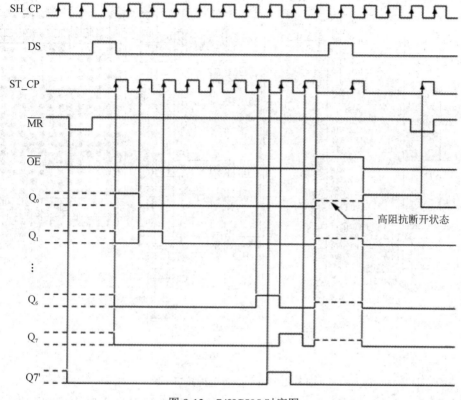

图 8-12　74HC595 时序图

这里先分析 SH_CP，它的作用是产生时钟，在时钟的上升沿将数据一位一位地移入移位寄存器。可以用"SH_CP = 0;SH_CP = 1;"语句循环 8 次来输出 8 个上升沿和 8 个下降沿。接着看 DS，它是串行数据，由上可知，时钟的上升沿有效，那么串行数据为 0b1000 0000。之后就是 ST_CP，它是 8 位数据并行输出脉冲，也是上升沿有效，因而 ST_CP 的上升沿产生之后，就是从 DS 输入的 8 位数据并行输出到 8 条总线上，但这里一定要注意对应关系，Q7 对应串行数据的最高位，因此数据为"1"，之后依次对应关系为 Q6(数值"0")……Q0(数值"0")。接着是 $\overline{MR}$，在 SH_CP 第 2 个上升沿时序的时候，$\overline{MR}$ 给出了一个低电平，使得 74HC595 复位，清空了移位寄存器，Q7 至 Q0 数值为 0，然后进入移位过程，DS 输入信号逐步移入，对比时序图中的 Q7 至 Q0，数值为 0b1000 0000，这个数值刚好是串行输入的数据。

了解了单个 74HC595 的驱动原理，我们利用 74HC595 的级联可驱动多片 8×8 点阵屏。所谓级联，就是芯片一片接一片，这样理论上 3 个 I/O 口就可以扩展无数个 I/O 口，当然是要在速度允许的情况下。由数据手册可知，此芯片的移位频率是 30 MHz(具体以测试为准)，因而还是可以满足一般的设计需求。图 8-13 为单片机控制的 16×16 点阵屏的硬件设计图。

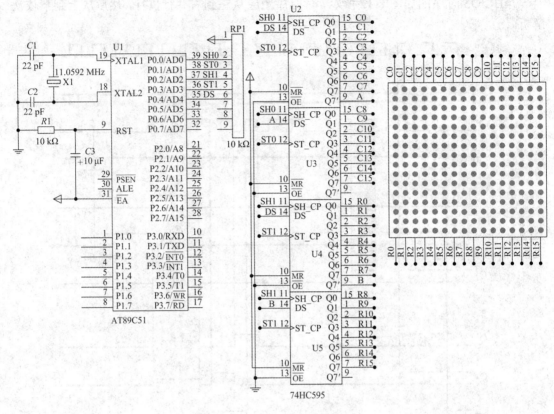

图 8-13　16×16 点阵屏接口电路

$\overline{\text{MR}}$ (10 脚)是复位脚,低电平有效,因而这里接 VCC,意味着不对该芯片复位;$\overline{\text{OE}}$ (13 脚)输出使能端,故接 GND,表示该芯片可以输出数据；U2 的 DS、ST_CP、SH_CP 分别接单片机的 P0.4、P0.1、P0.0 端口,U3 和 U2 共用时钟、复位和数据并行输出时钟线,U2 的数据由单片机的 P0.4 端口输出到 DS, U3 的数据由 U2 的 Q7'输出到 DS 数据输入端,这样就可以实现两片 74HC595 的级联,接着两片 74HC595 的输出端(Q0~Q7)分别接 16×16LED 点阵屏的列线。U4 的数据由单片机的 P0.4 端口输出到 DS, U5 的数据由 U4 的 Q7'输出到 DS 数据输入端,这样就可以实现两片 74HC595 的级联,接着两片 74HC595 的输出端(Q0~Q7)分别接 16×16 LED 点阵屏的行线。U4 的 ST_CP、SH_CP 分别接单片机的 P0.3、P0.2 端口。这里因为 16×16 点阵屏的行线和列线是分时工作的,所以 U2 和 U4 的数据端可以共用单片机的 P0.4 端口。如果有 3 片、10 片点阵屏,同样的道理,共用 ST_CP、SH_CP 时钟线,后一片的数据由前一片的 Q7'输出即可。这样,LED 点阵屏的硬件设计就好了,剩下的就是如何用软件实现想要显示的内容。

3) 取模软件

有了点阵屏这个硬件平台,我们可以利用这些小光点来显示一些独特的信息了,那么单片机是如何让这些小光点听指挥的呢?这里我们可以借助取模软件来实现,接下来看看具体怎么操作。字模提取软件的操作界面及后续操作界面可扫描右侧二维码查看。读者也可以使用另一款网络上介绍得比较多的 PCtoLCD2002,参考网络资源就可以快速掌握此软件的使用。

字模提取软件的
操作界面等

(1) 单击操作界面中的"新建图像",此时弹出一个对话框,要求输入图像的"宽度"和"高度",因为上面案例点阵是 16×16 的,所以这里宽、高都输入 16,然后单击"确定"。

(2) 这时就能看到图形框中出现一个白色的 16×16 格子块,可是有点小,不好操作。单击左侧的"模拟动画",接着单击"放大格点",一直放大到最大。此时,就可以用鼠标来点击读者想要的图形了。当然还可以对刚绘制的图形进行保存,以便以后调用。读者还可以用同样的方法来绘制其他的图形,这里不再赘述。

(3) 选择左侧的菜单项"参数设置"→"其他选项",在弹出的对话框中,取模方式选择"纵向取模","字节倒序"前打钩,串行输入的数据最高位对应的是点阵的第八行,因此要让字节数倒过来,别的选项依情况而定,最后单击"确定"。

(4) 最后单击"取模方式",并选择"C51 格式",此时右下角点阵生成区就会出现该图形所对应的数据。

在该取模软件中,黑点表示"1",白点表示"0"。前面设置取模方式时选了"纵向取模",那么此时就是按从上到下的方式取模(软件默认的),前面笔者在"字节倒序"前打了钩,这样就变成了从下到上取模,第 1 行第 1 列的点色为 3 黑 5 白,那么数据就是 0b11100000(0xE0)。第 2 行第 1 列的点色为 5 白 3 黑,那么数据就是 0b00000111(0x07)。用同样的方式,读者可以算出第 2,…,8 列各行的数据,看是否与取模软件生成的相同。

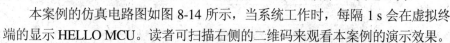

8.2　案例 1 —— 串口发送 HELLO MCU

8.2.1　任务分析

串口发送 HELLO MCU 案例的具体设计要求是利用单片机串口将字符串 HELLO MCU 发送至 PC 机串口助手接收窗口显示,每隔 1 s 发送 1 次。

串口发送 HELLO
MCU 效果演示

本案例的仿真电路图如图 8-14 所示,当系统工作时,每隔 1 s 会在虚拟终端的显示 HELLO MCU。读者可扫描右侧的二维码来观看本案例的演示效果。

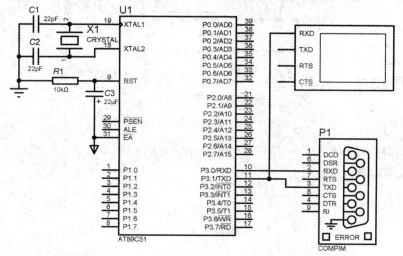

图 8-14　串口发送 HELLO MCU 仿真电路图

本案例的系统设计方案如图 8-15 所示，系统由单片机、电源电路、时钟电路、复位电路和串行接口电路组成。

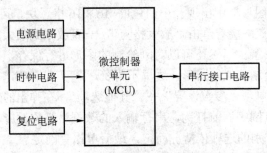

图 8-15　串口发送 HELLO MCU 系统设计方案

8.2.2　案例分析

本系统的硬件设计如图 8-14 所示，其中需要注意，不要忘记配置 COMPIM 串口接口的端口和波特率等参数，其配置窗口如图 8-16 所示。根据 8.1.2 节知识准备中的介绍，读者对串口有了基本认识，那么如何让单片机从串口送出数据呢？本案例的软件设计思路可以用图 8-17 所示的流程图梳理如下：系统开始工作后，先调用串口初始化子函数，然后判断循环条件是否成立，若不成立则程序结束；若循环条件成立则调用发送字符串子函数 send_str("HELLO MCU\r\n")，利用指针变量 s 依次将 H、E、L、L、O、M、C、U 等字符送出，每次送一个字符，当取到的字符为\0(结束符)时，表示字符串发送结束，然后延时 1 s 返回到循环条件的判断。

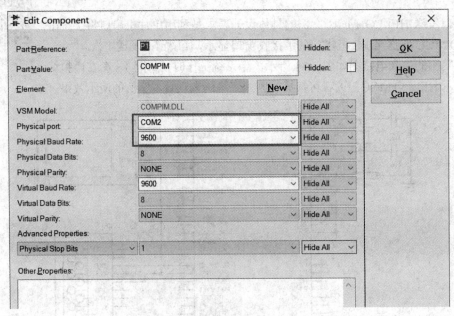

图 8-16　COMPIM 串口接口配置

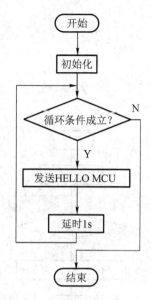

图 8-17 主函数流程图

串口初始化流程图如图 8-18 所示,串口初始化子函数可以利用 STC_ISP 软件中的波特率计算器自动生成,如图 8-19 所示。主要包括系统时钟的配置、波特率的配置、串口端口配置、串口通信协议(具体采用哪种工作方式、数据格式等),若采用可变波特率,则还需考虑定时器的时钟配置,以上这些配置读者只需要根据实际需求进行基础配置即可。需要注意的是,自动生成的串口初始化函数中并未配置串口的中断方式,故当读者需要串口采用中断方式工作时,需自行添加相关的中断允许及中断优先级的配置。

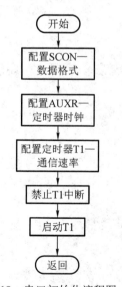

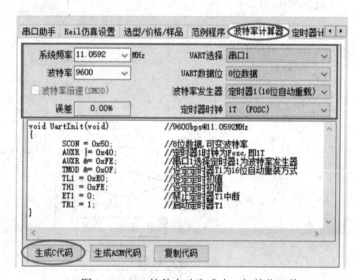

图 8-18 串口初始化流程图 　　　　　　图 8-19 ISP 软件自动生成串口初始化函数

串口发送 1 个字符其实很简单,其流程图如图 8-20 所示。读者只需将想要发送的字符数据送给 SBUF 寄存器即可,然后等待 TI 表示变成 1(发送结束),把 TI 恢复为 0(清除发送结束标志),即完成了 1 个字符的发送。发送一个字符函数代码具体如下:

```
void send_char(unsigned char c)
{
    SBUF=c;
        while(!TI);
    TI=0;
}
```

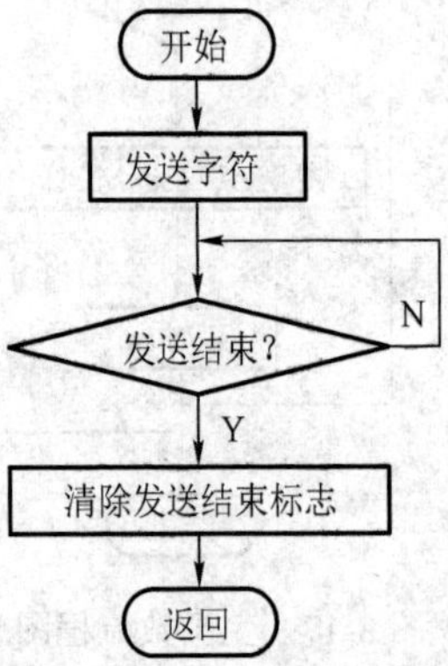

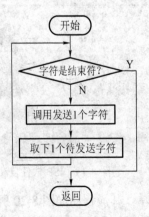

图 8-20　发送 1 个字符流程图

串口发送 1 个字符串流程图如图 8-21 所示，读者只需要循环调用串口发送 1 个字符子函数，每次将要发送的字符传递给串口即可。实现的方法有很多，这里给出一种比较典型的处理方案，串口发送 1 个字符串子函数代码具体如下：

```
void send_str(unsigned char *s)
{
    while(*s!='\0')
    {
        send_char(*s);
        s++;
    }
}
```

图 8-21　发送 1 个字符串流程图

8.2.3 操作手册

读者可扫描右侧的二维码阅读本案例的操作手册，根据操作手册的指导完成本案例的演练。

串口发送 HELLO MCU
操作手册

8.2.4 举一反三

通过案例的学习，读者可以在理解案例的基础上进行一些拓展训练，思考以下几个问题该如何解决：

(1) 利用单片机串口将学号和姓名(拼音)发送至 PC 机串口助手接收窗口显示，要求学号和姓名分行显示，该如何编程呢？

(2) 若想发送某个变量的数据给 PC 机，又该如何编程呢？

8.3 案例 2——串口接收 HELLO MCU

8.3.1 任务分析

串口接收 HELLO
MCU 效果演示

串口接收 HELLO MCU 案例的具体设计要求是利用 PC 机串口助手发送字符串 HELLO MCU，单片机接收到信息后显示在 LCD1602 液晶屏。

本案例的仿真电路图如图 8-22 所示，当系统工作时，在 LCD1602 液晶屏第一行居中的位置显示"HELLO MCU"。读者可扫描右侧的二维码来观看本案例的演示效果。

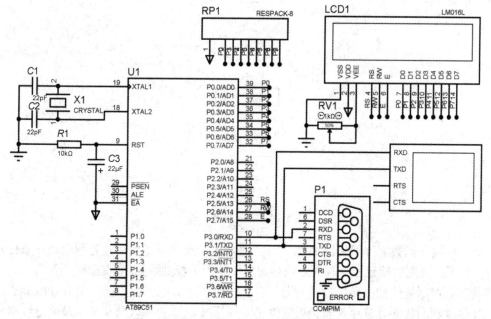

图 8-22 串口接收 HELLO MCU 仿真电路图

本案例的系统设计方案如图 8-23 所示，系统由单片机、电源电路、时钟电路、复位电路、串行接口电路和液晶显示电路构成。

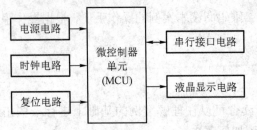

图 8-23　串口接收 HELLO MCU 系统设计方案

8.3.2　案例分析

本案例的硬件设计在串口发送 HELLO MCU 案例的基础上增加了 LCD1602 接口电路，LCD1602 接口电路在项目 7 中已有非常详细的阐述，这里就不重复分析了。有关串口发送/接收数据均可采用查询和中断两种方式，本案例重点介绍了查询方式的处理方法，有关中断方式如何处理，读者可以参考本案例提供的操作手册中的代码。本案例采用查询方式实现的软件设计思路可以用图 8-24 所示的流程图梳理如下：系统开始工作后，初始化(包含串口初始化、液晶模块初始化)，然后判断循环条件是否成立，若不成立则程序结束；若成立则循环调用串口接收子函数和显示子函数。

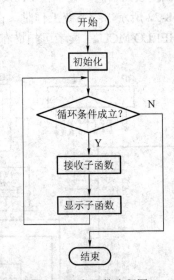

图 8-24　主函数流程图

串口接收子函数流程图如图 8-25 所示，进入串口接收子函数后，先判断循环条件是否成立，若不成立则直接返回；若成立则接着判断是否接收到数据(接收标志是否为 1)，若没有接收到数据则返回到循环条件的判断，若有接收到数据则保存数据，清除接收标志，然后累计接收到的数据数量并判断是否接收了 9 个字节，若没有达到 9 个字节则继续接收，若已经接收了 9 个字节，为了检查接收的数据是否正确，可将接收到的所有数据发送回计算机，然后结束串口接收子函数。

　　显示子函数流程图如图 8-26 所示，进入显示子函数后，先判断 9 个字符是否全部接收，若没有则直接返回；若已全部接收则将 count 清零，确定字符将要显示的位置，然后将接收到的 9 个字符依次送给液晶屏显示。液晶屏显示所需的相关子函数可直接调用之前在项目 7 中提供的，这里就不详细介绍了，读者可参考项目 7 的内容完成设计。

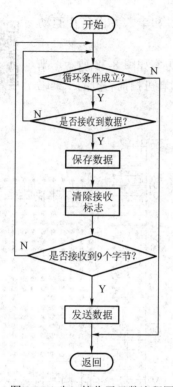

图 8-25　串口接收子函数流程图

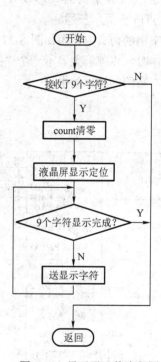

图 8-26　显示子函数流程图

8.3.3　操作手册

　　读者可扫描右侧的二维码阅读本案例的操作手册，根据操作手册的指导完成本案例的演练。

串口接收 HELLO
MCU 操作手册

8.3.4　举一反三

　　通过案例的学习，读者可以在理解案例的基础上进行一些拓展训练，思考以下几个问题该如何解决：

　　(1) 利用 PC 机串口助手将学号和姓名(拼音)发送至单片机，单片机接收到信息后显示在液晶屏上，该如何编程呢？

　　(2) 利用 PC 机串口助手发送命令给单片机，从而控制 LED 闪烁频率，又该如何编程呢？

8.4　案例 3——电子广告牌

8.4.1　任务分析

电子广告牌案例的具体设计要求是利用单片机和串入并出芯片驱动 16×16 点阵屏显示笑脸。

本案例的仿真电路图如图 8-27 所示，系统设计方案如图 8-28 所示，当系统工作时，点阵屏上显示一个"笑脸"的图形。读者可扫描右侧的二维码来观看本案例的演示效果。

电子广告牌效果演示

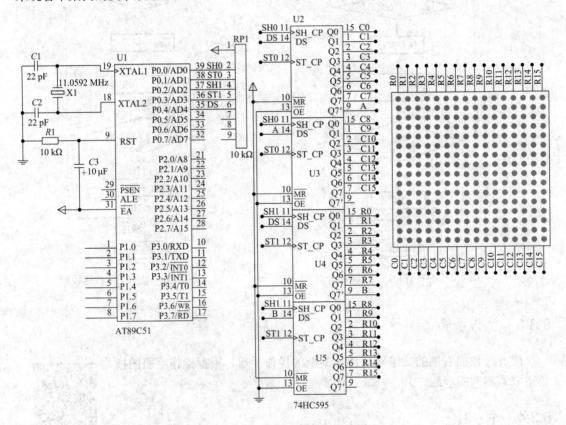

图 8-27　电子广告牌仿真电路图

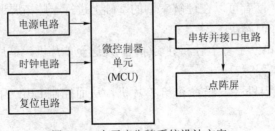

图 8-28　电子广告牌系统设计方案

8.4.2 案例分析

本案例的硬件设计如图 8-27 所示，包括单片机最小系统、两两级联的 74HC595 串转并端口扩展电路和 16×16 点阵屏。本案例中在处理串转并信号时，并没有使用单片机本身的串口，而是利用普通 I/O 口模拟串口时序的方式实现，希望给读者提供多一种单片机串口应用案例。实际应用中还存在 I²C、SPI 等各种串口通信的方式，读者若没有相关应用经验也无须慌张，只要静下心来，总会找到解决的办法的。

8.1.2 节知识准备中，已对本案例的硬件设计做了详细介绍，这里就不重复了。本案例的 LED 点阵屏显示原理采用逐列扫描的方式，即每次控制只有 1 列 LED 工作，然后送出相应的列线数据，对应当前有效工作列上的 LED 即可点亮或熄灭，然后切换到相邻的下一列工作，依次循环 16 次，即可依次点亮 16 列线上所有的 LED，利用人眼的视觉暂留特征，快速扫描 LED 点阵屏的各列，即可给人造成 LED 点阵屏上各点是同时亮的假象，这样我们就可以看见各种画面了。

具体的软件设计思路可以用图 8-29 所示的流程图梳理如下：系统开始工作后，初始化，然后判断循环条件是否成立，若不成立则程序结束；若成立则调用显示子函数，然后回到循环条件判断。显示子函数流程图如图 8-30 所示，进入子函数后，初始化所需变量，然后判断 16 列和行线上的数据是否都已送出，若传输完成则子函数结束工作并返回主函数；若数据没有传输完成，则分别取出两个字节的行数据，合并成一个整型数据(两个字节，16位)，利用 74HC595 串入并出传送给 LED 点阵屏显示，每列 LED 显示保持 0.8 ms，然后回到判断 16 列和行线上的数据是否都已送出，再次循环。

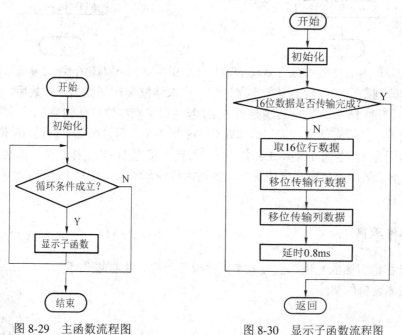

图 8-29 主函数流程图　　　　　　图 8-30 显示子函数流程图

移位传输列数据和移位传输行数据子函数的流程图如图 8-31 和图 8-32 所示。其实这两个子函数是差不多的，区别就在于控制不同的 74HC595，对应的时序控制端口不一样，所以这里就详细介绍一下移位传输列数据子函数，移位传输行数据子函数读者自行分析即可。

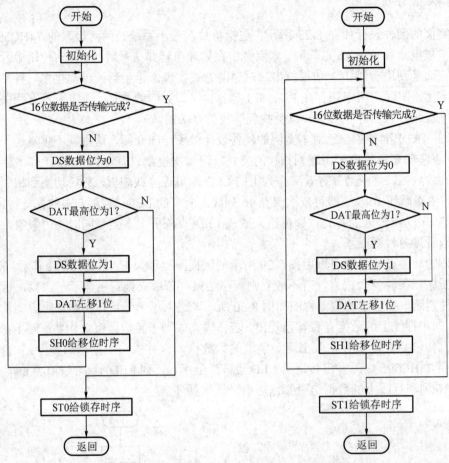

图 8-31　移位传输列数据子函数流程图　　　图 8-32　移位传输行数据子函数流程图

　　移位传输列数据子函数的具体实现过程：进入移位传输列数据子函数后，先进行变量初始化，然后判断 16 位列数据传输是否结束，若结束了则移位传输列数据子函数工作结束，返回至主函数；若没有结束则先将数据端口 DS 置为 0，再判断需传输的 16 位数据(DAT)的最高位是否为 1，若为 1 则将 DS 置为 1，否则直接将 DAT 左移 1 位，为传输下一位数据做准备，然后给出移位时序完成这一位数据的传输，再回到判断 16 位列数据传输是否结束，以此循环。

8.4.3　操作手册

　　读者可扫描右侧的二维码阅读本案例的操作手册，根据操作手册的指导完成本案例的演练。

电子广告牌操作手册

8.4.4　举一反三

　　通过案例的学习，读者可以在理解案例的基础上进行一些拓展训练，思考一下：

利用单片机和串入并出芯片驱动 16×16 点阵屏显示广告(自选图片),该如何编程呢?

8.5 案例 4——滚动显示屏

8.5.1 任务分析

滚动显示屏案例的具体设计要求是利用单片机和串入并出芯片驱动 16×16 点阵屏滚动显示信息。

本案例的仿真电路图如图 8-27 所示,系统设计方案如图 8-28 所示,当系统工作时,16×16 点阵屏将滚动显示"金华职业技术学院欢迎您"。读者可扫描右侧的二维码来观看本案例的演示效果。

滚动显示屏效果演示

8.5.2 案例分析

本案例的硬件设计和电子广告牌案例是一样的,这里就不重复分析了。有了电子广告牌案例的基础,要实现本案例的要求,我们只需考虑如何让显示在 LED 点阵屏上的画面滚动起来。其实读者只要仔细观察就能发现,要让 LED 点阵屏的画面在基础轴线上滚动起来其实并不难。例如若想获得画面向左滚动的效果,只需将 LED 点阵屏 16 列的信号逐次左移 1 位,就像跑马灯一样,只不过这次是 16 行的 LED 同时"跑"。同理,若想要画面向右滚动,则将 LED 点阵屏 16 列的信号逐次右移 1 位;若想要画面向上滚动,则将 LED 点阵屏 16 行的信号逐次上移 1 位;若想要画面向下滚动,则将 LED 点阵屏 16 行的信号逐次下移 1 位。本案例的软件设计采用中断的方式来实现,读者也可以拓展一下思路。因此本案例的主函数非常简洁,可以用图 8-33 所示的流程图梳理如下:系统开始工作后,判断循环条件是否成立,若成立则一直循环,若不成立则结束程序。

本案例的显示子函数流程图如图 8-34 所示,它与电子广告牌案例类似,这里就是将要显示的数据保存于 dis_no 数组中,只需要依次取用数组中的数据移位送出即可。而 dis_no 数组中的数据如何确定则由定时器中断服务函数实现。现在重点讲解一下如何实现 LED 画面滚动,定时器中断服务函数流程图如图 8-35 所示。LED 画面滚动效果利用定时器每 20 ms 中断 1 次,然后调用一次 LED 显示,每 10 次中断(200 ms)LED 点阵屏画面移动 1 位。每次移动的数据是利用循环依次将数组元素 dis_no[i+1]的值赋值给数组元素 dis_no[i],这样在 LED 点阵屏上右侧一列的画面就移动到了相邻左侧一列,那么 LED 点阵屏的最后一列的数据从何而来呢?LED 点阵屏最后一列的数据将从保存着 LED 点阵屏需要显示的画面的所有数据的数组 r 中取得。从第 0 个元素开始,依次将数组 r 中相邻两个元素的值拼成一个整型数据(包含 2 个字节),并将这个数据保存于 dis_no[15]中,这样就可以实现 LED 点阵屏显示画面的滚动了。关键代码如下:

```
dat_temp=r[k][z*2+1];          //取出 LED 点阵屏某列数据的高 8 位数据
dat_temp=r[k][z*2]|dat_temp<<8;   //取出 LED 点阵屏某列数据的低 8 位与高 8 位合并
dis_no[15]=dat_temp;           //将合并后的 LED 点阵屏某列数据赋值给 dis_no[15]
```

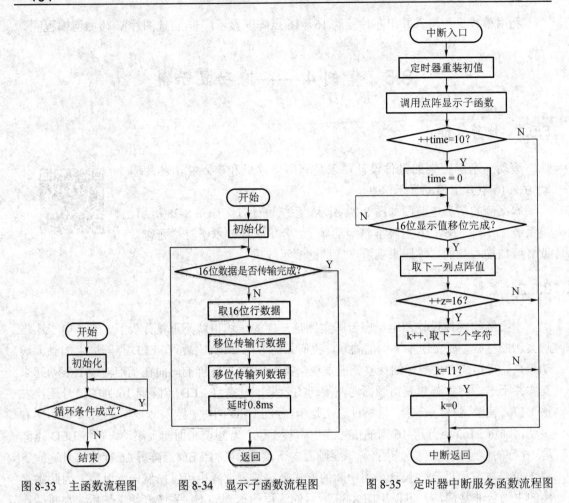

图 8-33 主函数流程图　　　图 8-34 显示子函数流程图　　　图 8-35 定时器中断服务函数流程图

8.5.3　操作手册

读者可扫描右侧的二维码阅读本案例的操作手册,根据操作手册的指导完成本案例的演练。

8.5.4　举一反三

通过案例的学习,读者可以在理解案例的基础上进行一些拓展训

滚动显示屏操作手册

练,思考一下:

利用单片机和串入并出芯片驱动 16×16 点阵屏滚动显示广告(自选图片),该如何编程呢?

8.6　常见错误

读者可扫描右侧的二维码阅读本项目所列设计中可能会出现的常见错误,以便更深入地学习。

常见错误

小　　结

本项目介绍了串行接口和 LED 点阵屏的基本工作原理、显示字符、显示图形等内容。

习　　题

请读者在本项目的滚动显示屏案例的基础上做以下功能修改：文字显示滚动方向的控制，要求方向控制命令由 PC 机通过串口助手发送给单片机。

项目 9　环境监测机器人——综合应用

9.1　项　目　综　述

9.1.1　项目意义及背景

本书的项目 2 至项目 8 以单片机的各个基本资源为中心，搭配有难易梯度的案例进行讲解，使读者能够掌握单片机的基本资源的应用，但在实际项目开发中，仅仅掌握之前案例的应用远远不够，需要不断地增加难度、反复演练，才能真正做到灵活应用单片机进行项目开发。接下来的部分，重点介绍单片机的模块化编程和项目开发流程，这些对于初学者或许比较难理解，因为涉及面广，内容复杂，但如果读者能掌握，对于以后的项目开发将有很大的帮助。

随着社会的进步及人民生活水平的提高，越来越多的人开始关注对我们赖以生存的环境的保护问题，从国家到普通老百姓都在为获得更好的生态环境而努力。本项目将以环境监测机器人为载体带领读者了解单片机的模块化编程和项目开发流程。

9.1.2　知识准备

1. 单片机的模块化编程

1) 模块化编程的说明

(1) 模块即是一个源文件(.c)和一个头文件(.h)的结合，头文件(.h)是对该模块的声明。

(2) 某模块提供给其他模块调用的外部函数以及数据需在所对应的头文件(.h)文件中冠以 extern 关键字来声明。

(3) 模块内的函数和变量需在源文件(.c)的开头处冠以 static 关键字声明。

(4) 永远不要在头文件(.h)中定义变量。

读者需要注意说明中出现的两个关键词：定义和声明。

所谓定义，就是(编译器)创建一个对象，为这个对象分配一块内存并给它取一个名字，这个名字就是我们经常所说的变量名或者对象名。这个名字一旦和这块内存匹配起来，它们就具有相同的生命周期，并且这块内存的位置也不能被改变。一个变量或对象在一定的区域内(比如函数内)只能被定义一次，如果定义多次，编译器会提示你重复定义同一个变量或对象。

所谓声明，就是告诉编译器，这个名字已经预定了，别的地方再也不能用它来作为变量名或对象名。它已经匹配到一块内存上了，下面的代码用到的变量或对象是在别的地方定义的。声明可以出现多次。

2) 模块化编程注意事项

(1) 源文件(.c)。

在前面的案例中，由于案例功能都比较简单、单一，因此所写的程序代码都在 1 个 C 文件里面。编译器也是以此文件来编译并生成相应的目标文件。但在大规模程序开发中，一个程序往往由很多个模块组成，很可能，这些模块的编写任务被分配给不同的人，假设每个人都写 1 个 C 文件，这样就会由多个 C 文件组合成 1 个程序，所有 C 文件联合起来完成项目的要求。这样很多时候在编写模块时会用到别人所编写的模块，或者自己写的模块被其他人调用。这个时候使用者关心的仅仅是模块实现了什么样的接口，该如何去调用，至于模块内部是如何组织和实现的，使用者无须过多关注。

理想的模块化应该可以看成一个黑盒子，即只关心模块提供的功能，而不理睬模块内部的实现细节。好比你买了一部新手机，只需会使用手机提供的功能，而不需要了解手机是如何完成这些功能的。

例如之前的案例中我们经常使用延时子函数"Delay ( )"，那这里就先拿这个函数来举例，写个 Delay.c 源文件，具体代码如下：

```c
#include " Delay.h"
#include "intrins.h"
/* **********************************************************
函数名称：Delay ( )
入口参数：ms，要延时的 ms 数
出口参数：无
函数功能：不精确延时
********************************************************** */
void Delay(unsigned int ms)
{
    unsigned char i, j;
    do{
        _nop_( );
        i = 2;
        j = 199;
        do
        {
        while (--j);
        } while (--i);
    }while(--ms);
}
```

(2) 头文件(.h)。

在模块化编程中，必然会出现一个程序中多个 C 文件的情况，而且每个 C 文件的作用不尽相同。由于某些 C 文件需要对外提供接口，因此必须有一些函数或变量需提供给外部其他文件进行调用。例如上面新建的 Delay.c 文件，提供最基本的延时功能函数 void Delay (unsigned int ms); 而在另外一个文件(eg: Blink.c)中需要调用此函数，那该如何做呢？这时头文件就起作用了。具体过程是先创建一个 Delay.h 头文件，在该头文件中对 Delay( )函数声明，无须包含任何实质性的函数代码。有了这样一个封装好的接口文件，每当 Blink.c 文件需要调用 Delay( )函数时，直接在 Blink.c 中包含 Delay.h 头文件即可。读者可将头文件形象地理解为连接 Delay.c 和 Blink.c 的桥梁。同时，该文件也可以包含一些宏定义以及结构体的信息，离开了这些信息，很可能就无法正常使用接口函数或者接口变量。但总的原则是，不该让外界知道的信息就不出现在头文件里，而外界调用模块内接口函数或者接口变量所必需的信息一定要出现在头文件里，否则外界就无法正确调用。因而，只要需要某个 C 文件的变量、结构体或函数，就必须包含提供了相应接口描述的文件——头文件(.h)。下面我们来定义这个头文件，一般来说，头文件的名字应该与源文件的名字保持一致，这样便可清晰地知道这个头文件是对哪个源文件的描述。于是便得到了 Delay.c 如下的 Delay.h 头文件，具体代码如下：

```
1    #ifndef __ Delay_H__
2    #define __ Delay_H__
3    extern void Delay(unsigned int ms);
4    #endif
```

注意：

① ".c" 源文件中不想被别的模块调用的函数、变量就不要出现在 ".h" 文件中。

② ".c" 源文件中需要被别的模块调用的函数、变量就出现在 ".h" 文件中。

例如 void Delay(unsigned int ms)函数，前面加了修饰词 extern，表明是一个外部函数。特别提醒，在 Keil5 编译器中，extern 这个关键字即使不声明，编译器也不会报错，且程序运行良好，但不保证使用其他编译器也如此。因此，强烈建议加上，养成良好的编程习惯绝不是一件坏事。

③ 1、2、4 行是条件编译和宏定义，目的是防止重复定义。假如有两个不同的源文件都需要调用 void Delay(unsigned int ms)这个函数，它们分别都通过#include "Delay.h"把这个头文件包含进去。在第一个源文件进行编译的时候，由于没有定义过__Delay_H__，因此#ifndef__Delay_H__条件成立，于是定义__Delay_H__并将声明包含进去。在第二个文件编译时，由于第一个文件包含的时候，已经将__Delay_H__定义过了，因而此时#ifndef__ Delay_H__不成立，整个头文件内容就不再被包含。假设没有这样的条件编译语句，那么两个文件都包含了 extern void Delay(unsigned int ms)，就会引起重复包含的错误。特别说明，可能新手们看到 Delay 前后的这些 "__" "_" 时，又会模糊一阵，事实上这只是一只 "纸老虎"，看着吓人，一捅就破。举几个例子：Delay_H __、_Delay_H、____Delay_H、__Delay_H，经调试，这些版本都是对的，所以请读者自便。

(3) 变量的定义及声明。

上面说明的最后一点中提到，变量不能定义在 ".h" 中，否则滥用全局变量会使程序的可移植性、可读性变差。概括地讲，就是在 ".c" 中定义变量，之后在该 ".c" 源文件所对应的 ".h" 中声明即可。注意，一定要在变量声明前加一修饰词——extern。但这种方法也不是万能的，更复杂的用法，读者可以先研究一下 uCOS-Ⅲ操作系统，借鉴其中的处理方法。

接下来用两段代码来比较说明全局变量的定义和声明。

```
Module1.h                    //编写一个 ".h"
unsigned char    Temp = 0;    //在模块 1 的 ".h" 文件中定义一个变量 Temp
/* ============================ */
Module1.c                    //编写一个 ".c"
#include    "Module1.h"      // ".c" 模块 1 中包含模块 1 的 ".h"
/*============================*/
Module2.c
#include    "Module1.h"      // ".c" 模块 2 中包含模块 1 的 ".h"
```

以上程序的结果是在模块 1、2 中都定义了无符号 char 型变量 Temp，Temp 在不同的模块中对应不同的内存地址。如果大家都这么写程序，那么电脑不仅存储空间会被挤爆，还会很混乱。推荐式的代码如下：

```
Module1.h                        //编写一个 ".h"
extern unsigned char Temp;    //在 ".h" 中声明 Temp
/* ============================ */
Module1.c
#include    "Module1.h"      // ".c" 模块 1 中包含模块 1 的 ".h"
unsigned char    Temp = 0;    //在模块 1 的 ".h" 文件中定义一个变量 Temp
/* ============================ */
Module2.c
#include    "Module1.h"      //模块 2 的 ".h"
```

文件中定义一个变量 Temp，这样如果模块 1、2 操作 Temp 的话，对应的就是同一块内存单元。

(4) 头文件之包含。

在 C 语言编程中包含头文件的方式有两种：第一种是 "<xx.h>"，第二种是 ""xx.h""。那么如何选择使用呢？简单来说，自己写的用双引号，不是自己写的用尖括号。

(5) 模块的分类。

一个嵌入式系统通常包括两类模块：硬件驱动模块(一种特定硬件对应一个模块)和软件功能模块(其模块的划分应满足低耦合、高内聚的要求)。

① 内聚和耦合。

内聚是从功能角度来度量模块内的联系，一个好的内聚模块应当恰好做一件事。内聚描述的是模块内的功能联系。耦合是对软件结构中各模块之间相互连接的一种度量，耦合程度取决于模块间接口的复杂程度、进入或访问一个模块的点以及通过接口的数据。理解了以上两个词的含义之后，那"低耦合、高内聚"就好理解了，通俗点讲，就是模块与模块之间少来往，模块内部多来往。当然，对应到程序中就不这么简单，这需要大量的编程和练习才能掌握其真正的内涵。

② 硬件驱动模块和软件功能模块的区别。

所谓硬件驱动模块，是指所写的驱动(也就是".c"文件)对应一个硬件模块。例如，Led.c 是用来驱动 LED 的，smg.c 是用来驱动数码管的，lcd.c 是用来驱动 LCD 的，key.c 是用来检测按键的，等等，将这样的模块统称为硬件驱动模块。所谓软件功能模块，是指所编写的模块只是某个功能的实现，而没有对应的硬件模块。例如，Delay.c 是用来延时的，task.c 是用来执行具体任务的，但这些模块都没有对应的硬件模块，只是具有某个功能而已。

3) 模块化编程举例

本小节从 LED 闪烁这个简单的案例开始，将原来只用一个 C 文件就完成的设计用模块化编程的方式实现，重在阐述如何构建模块化编程。图 9-1 所示为该案例的工程结构，各模块源码如下：

(1) Blink.c 的源码。

```
#include "LedFlash.h"
void main(void)
{
  while(1)
  {
        LedFlash( );          //调用函数，实现 LED 灯的闪烁
  }
}
```

(2) Delay.c 的源码。

```
#include "Delay.h"
/***********************************************************
 * 函数名称：Delay()
 * 入口参数：无
 * 出口参数：无
 * 函数功能：不精确延时 500 ms
 *********************************************************** */
void Delay(void)        //@11.0592 MHz
{
unsigned char I, j, k;
_nop_( );
i = 4;
j = 129;
k = 119;
do
{
      do
      {
            while (--k);
      } while (--j);
```

```
    } while (--i);
  }
```

(3) Delay.h 的源码。

```
#ifndef __Delay_H__
#define __Delay_H__
#include <intrins.H>
extern void Delay(void);
#endif
```

(4) LedFlash.c 的源码。

```
#include "LedFlash.h"
void LedFlash(void)
{
  LED=0;
  Delay( );
  LED=1;
  Delay( );
}
```

(5) LedFlash.h 的源码。

```
#ifndef __LedFlash_H__
#define __LedFlash_H__
#include <REGX51.H>
#include "Delay.h"
sbit LED = P1^0;
extern void LedFlash(void);
#endif
```

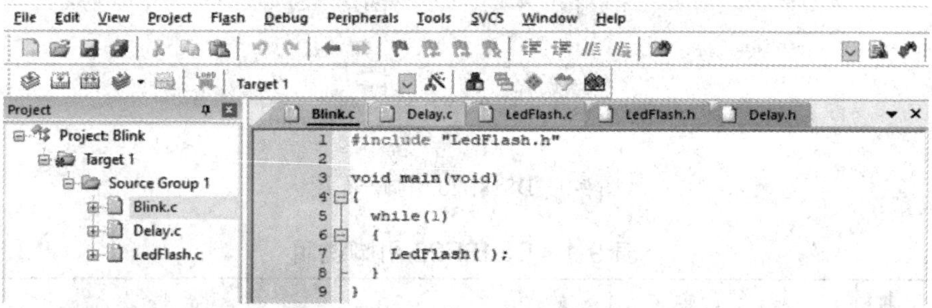

图 9-1   LED 闪烁模块化编程工程结构

2. 温度传感器 DS18B20

美国 Dallas 半导体公司的数字化温度传感器 DS18B20 是世界上第一片支持"一线总线"接口的温度传感器,其内部使用了在板(ON-B0ARD)专利技术。全部传感元件及转换电路集成在形如一只三极管的集成电路内。一线总线独特而且经济的特点,使用户可轻松地组建传感器网络,为测量系统的构建引入全新概念。现在,新一代的 DS18B20 体积更小且更经济、更灵活，可以充分发挥"一线总线"的优点。

1) DS18B20 的主要特征

DS18B20 的主要特征如下：

(1) 适应电压范围更宽，电压范围：3.0～5.5 V。在寄生电源方式下可由数据线供电。

(2) 独特的单线接口方式，DS18B20 在与微处理器连接时仅需要一条口线即可实现微处理器与 DS18B20 的双向通信。

(3) DS18B20 支持多点组网功能，多个 DS18B20 可以并联在唯一的三线上，实现组网多点测温。

(4) DS18B20 在使用中不需要任何外围元件，全部传感元件及转换电路集成在形如一只三极管的集成电路内。

(5) 温度范围−55～+125 ℃，在−10～+85℃时精度为±0.5 ℃。

(6) 可编程的分辨率为 9～12 位，对应的可分辨温度分别为 0.5 ℃、0.25 ℃、0.125 ℃和 0.0625 ℃，可实现高精度测温。

(7) 在 9 位分辨率时最多在 93.75 ms 内把温度转换为数字，12 位分辨率时最多在 750 ms 内把温度值转换为数字，速度更快。

(8) 测量结果直接输出数字温度信号，以"一线总线"串行传送给 CPU，同时可传送 CRC 校验码，具有极强的抗干扰纠错能力。

(9) 负压特性：电源极性接反时，芯片不会因发热而烧毁，但不能正常工作。

2) DS18B20 的引脚分布

DS18B20 的引脚排列如图 9-2 所示，各引脚说明见表 9-1。

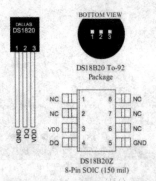

图 9-2　DS18B20 引脚分布图

表 9-1　DS18B20 引脚说明

引脚 (8 引脚 SOIC 封装)	引脚 (To92 封装)	符号	说　　明
5	1	GND	地
4	2	DQ	数据输入/输出脚。漏极开路，常态下高电平
3	3	VDD	可选电源脚。工作于寄生电源时，该脚必须接地

3) DS18B20 内部结构

DS18B20 内部主要由 4 部分组成：64 位 ROM、温度传感器、非挥发的温度报警触发器 TH 和 TL、配置寄存器。其结构图如图 9-3 所示。

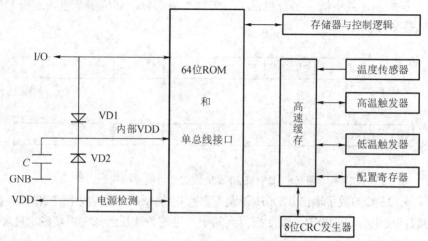

图 9-3　DS18B20 内部结构图

(1) 64 位 ROM。

ROM 中的 64 位序列号是出厂前被光刻好的，它可以看作该 DS18B20 的地址序列码，每个 DS18B20 的 64 位序列号均不相同，其结构图如图 9-4 所示。低 8 位为单线系列编码 (DS18B20 的编码是 28H)，紧接着的 48 位是唯一的序列号，最后 8 位是前 56 位的 CRC 校验值。CRC 校验值的生成方法请参考 DS18B20 手册。ROM 的作用是使每一个 DS18B20 各不相同，这样就可以实现一根总线上挂接多个 DS18B20 的目的。

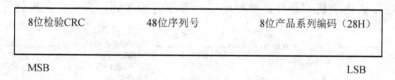

8位检验CRC	48位序列号	8位产品系列编码（28H）

MSB　　　　　　　　　　　　　　　　　　　　　　　　　　　　LSB

图 9-4　64 位 ROM 结构图

(2) 存储器。

DS18B20 的存储器由一个高速暂存 RAM 和非易失的 EERAM 构成。暂存 RAM 共有 9 个存储单元，其结构如图 9-5 所示。暂存 RAM 中的 TH、TL 和配置字节是 EERAM 中 TH、TL、配置字节的拷贝。改变 TH、TL 的值，可改变 DS18B20 的上、下限告警温度，通过设置配置字节的第 6、7 位，完成温度值分辨率的配置，CRC 值为前 8 个字节的校验值。

温度值低字节	温度值高字节	TH/用户字节 1	TL/用户字节 2	配置字节	保留	保留	保留	8 位 CRC

LSB(0)　　　　　　　　　　　　　　　　　　　　　　　　　　　　　　　　　MSB(8)

图 9-5　DS18B20 暂存 RAM 结构

当温度转换命令发布后，经转换所得的温度值以二字节补码形式存放在高速暂存存储器的第 0、1 个字节。单片机可通过单线接口读到该数据，读取时，低位在前，高位在后，对应的温度计算：当符号位 S=0 时，直接将二进制位转换为十进制；当 S=1 时，先将补码变为原码，再计算十进制值。

温度值的低、高位结构如图 9-6(该图为 12 位分辨率的情况，如果配置为低的分辨率，无意义位为 0)所示，其中低位字节包括了二进制小数部分，高位字节包括了符号位 S(正温度为 0，负温度为 1)。

低位字节：

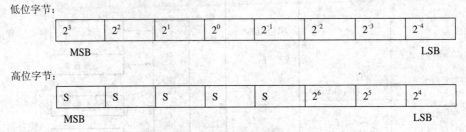

图 9-6　DS18B20 温度值的低、高位结构

例如：+125 ℃的数字输出 07D0H(正温度直接把十六进制数转成十进制即得到温度值)，−55 ℃的数字输出为 0FC90H(负温度把得到的十六进制数取反后加 1 再转成十进制数)。

4) "一线总线"时序分析

(1) 初始化时序。

初始化时序图如图 9-7 所示，其过程为主机首先发出一个 480～960 μs 的低电平脉冲，然后释放总线变为高电平，并在随后的 480 μs 时间内对总线进行检测，若有低电平出现，说明总线上有器件已做出应答；若无低电平出现，一直都是高电平，说明总线上无器件应答。作为从器件的 DS18B20 一上电后就一直在检测总线上是否有 480～960 μs 的低电平出现，若有，则在总线转为高电平后等待 15～60 μs 后将总线电平拉低 60～240 μs 做出"存在脉冲"响应，告诉主机本器件已做好准备；若没有检测到，就一直在检测等待。

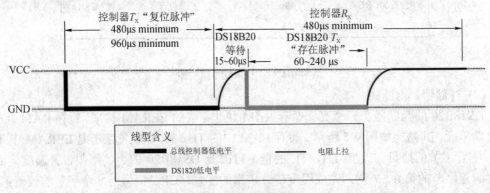

图 9-7　初始化时序图

(2) 写操作时序。

写操作时序图如图 9-8 所示，写周期最短为 60 μs，最长不超过 120 μs。写周期一开始作为主机先把总线拉低 1 μs 表示写周期开始。随后若主机想写"0"，则继续拉低电平最少 60 μs 直至写周期结束，然后释放总线为高电平；若主机想写"1"，在一开始拉低总线电平 1 μs 后就释放总线为高电平，一直到写周期结束。而作为从机的 DS18B20 则在检测到总线被拉底后等待 15 μs 然后从 15 μs 到 45 μs 开始对总线采样，在采样期内总线为高电平

则为 1，若采样期内总线为低电平则为 0。

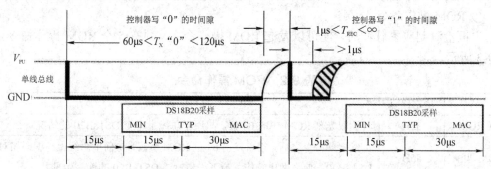

图 9-8 写操作时序图

(3) 读操作时序。

读操作时序图如图 9-9 所示，对于读操作时序也分为读 0 时序和读 1 时序两个过程。读操作时序是从主机把单总线拉低之后，在 1 μs 之后就得释放单总线为高电平，让 DS18B20 把数据传输到单总线上。DS18B20 在检测到总线被拉低 1 μs 后，便开始送出数据，若是要送出 0，就把总线拉为低电平直到读周期结束；若要送出 1，则释放总线为高电平。主机在一开始拉低总线 1 μs 后释放总线，然后在包括前面的拉低总线电平 1 μs 在内的 15 μs 内完成对总线的采样检测，若采样期内总线为低电平则确认为 0；若采样期内总线为高电平则确认为 1。完成一个读操作时序过程，至少需要 60 μs。

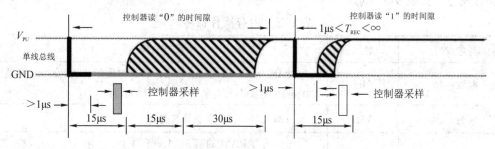

图 9-9 读操作时序图

5) DS18B20 单线通信

(1) DS18B20 单线协议。

DS18B20 是单线器件，而 AT89C51 无单线接口，必须采用软件的方法来模拟单线的协议时序。DS18B20 单线通信功能是分时完成的，它有严格的时隙概念，如果出现序列混乱，1-WIRE 器件将不响应主机，因此读写时序很重要。系统对 DS18B20 的各种操作必须按协议进行。根据 DS18B20 的协议规定，微控制器控制 DS18B20 完成温度的转换必须经过以下 3 个步骤：

① 初始化。

单线总线上的所有操作均从初始化开始，每次读写前对 DS18B20 进行复位初始化。初始化过程如下：主机通过拉低单线 480 μs 以上以产生复位脉冲，然后释放该线，进入 Rx 接收模式。主机释放总线时，会产生一个上升沿。DS18B20 检测到该上升沿后，延时 15～60 μs，通过拉低总线 60～240 μs 来产生应答脉冲，主机接收到从机的应答脉冲后，说明有单线器件在线，可进行后操作；若无应答，说明器件不存在或连接错误，给出报警信息。

② ROM 操作命令。

主机检测到应答脉冲后，便可以发起 ROM 操作命令，共有 5 个 ROM 操作命令，如表 9-3 所示。

表 9-2　ROM 操作命令

命令	约定代码	操作说明
读 ROM	33H	读取光刻 ROM 中的 64 位，只用于总线上单个 DS18B20 的情况
ROM 匹配	55H	发出此命令之后，接着发出 64 位 ROM 编码，访问单总线上与编码相对应 DS18B20，使之做出响应，为下一步对该 DS18B20 的读写做准备
跳过 ROM	CCH	忽略 64 位 ROM 地址，直接向 DS18B20 发送温度变换命令，适用于单片机工作
搜索 ROM	F0H	用于确定挂接在同一总线上 DS18B20 的个数和识别 64 位 ROM 地址，为操作各器件做好准备
警报搜索	ECH	命令流程同搜索 ROM，但只有在最近的一次温度测量满足了告警触发条件时，才响应此命令

③ 内存操作命令。

成功执行了 ROM 操作命令后，便可以使用内存操作命令执行相应操作。主机可提供 6 种操作命令，如表 9-3 所示。

表 9-3　内存操作命令

命令	约定代码	操作说明
温度转换	44H	启动 DS18B20 进行温度转换，转换时间最长为 500 ms(典型为 200 ms)，结果存入内部 9 个字节 RAM 中
读暂存器	BEH	读内部 RAM 中 9 个字节的内容
写暂存器	4EH	发出向内部 RAM 的第 3、4 字节写上、下限(TH、TL)温度数据命令，紧跟该命令之后，是传送两字节的数据
复制暂存器	48H	把 RAM 中的 TH、TL 字节写到 EERAM 中
重新调 EERAM	B8H	把 EERAM 中的内容恢复到 RAM 的 TH、TL 字节中
读电源供电方式	B4H	读 DS18B20 的供电模式，寄生供电时 DS18B20 发送 "0"，外接电源供电时 DS18B20 发送 "1"

(2) 具体操作举例。

现在要做的是让 DS18B20 进行一次温度转换，具体操作如下：

① 主机先做复位操作；

② 主机再写跳过 ROM 的操作(CCH)命令；

③ 然后主机接着写温度转换的操作命令，后面释放总线至少 1 s，让 DS18B20 完成转换的操作。

在这里要注意的是，每个命令字节在写的时候都是低字节先写，例如 CCH 的二进制为 11001100，在写到总线上时要从低位开始写，写的顺序是 "0、0、1、1、0、0、1、1"。整个操作的总线状态如图 9-10 所示。

图 9-10　发送启动温度转换命令至 DS18B20

读取 RAM 内的温度数据。同样，这个操作也要按照 3 个步骤进行，具体步骤如下：

① 主机发出复位操作并接收 DS18B20 的应答(存在)脉冲。

② 主机发出跳过 ROM 的操作命令(CCH)。

③ 主机发出读取 RAM 的命令(BEH)，随后主机依次读取 DS18B20 发出的从第 0 到第 8 共 9 个字节的数据。如果只想读取温度数据，那在读完第 0 和第 1 个数据后就不再理会 DS18B20 后面发出的数据即可。同样，读取数据也是低位在前的。整个操作的总线状态如图 9-11 所示。

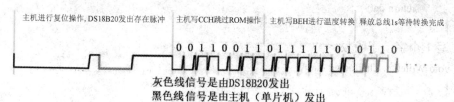

图 9-11　发送读取温度命令至 DS18B20

(3) 基本子函数。

① DS18B20 初始化子函数。

```
bit Init_DS18B20(void)        //DS18B20 初始化子函数
{
    bit flag;
    DQ = 1;                   //DS18B20 温度传感器的信号脚 DQ
    _nop_( );                 //延时
    DQ = 0;
    for(t=0;t<200;t++);       //延时
    DQ = 1;
    for(t=0;t<15;t++);        //延时
    flag = DQ;
    for(t=0;t<200;t++);       //延时
    return flag;
}
```

② 读取 1 个字节子函数。

```
uchar ReadOneChar(void)
{
    uchar i = 0;
    uchar dat;
```

```
        for(i=0;i<8;i++)
        {
            DQ = 1;
            _nop_( );
            DQ = 0;
            _nop_( );
            DQ = 1;                //人为拉高，为单片机检测 DS18B20 的输出电平做准备
            for(t=0;t<3;t++); //延时约 9 µs
            dat >>= 1;
            if(DQ==1)  datl=0x80;
            else    dat=0x00;
            for(t=0;t<1;t++); //延时 3 µs，两个读时序间至少需要 1 µs 的恢复期
        }
        return dat;
    }
```

③ 写 1 个字节子函数。

```
    void WriteOneChar(uchar dat)
    {
        uchar i=0;
        for(i=0;i<8;i++)
        {
            DQ = 1;
            _nop_( );
            DQ = 0;
            _nop_( );                  //空操作
            DQ = dat&0x01;
            for(t=0;t<15;t++);       //延时约 45 µs，DS18B20 在 15～60 µs 对数据进行采样
            DQ = 1;                    //释放数据线
            for(t=0;t<1;t++);        //延时 3 µs，两个写时序间至少需要 1 µs 的恢复期
            dat >>= 1;
        }
        for(t=0;t<4;t++);
    }
```

④ 读取温度子函数。

```
    void ReadTemp(void)
    {
        Init_DS18B20( );          //初始化 DS18B20
        WriteOneChar(0xcc);      //写跳过 ROM 的操作(CCH)命令
        WriteOneChar(0x44);      //写启动温度转换命令
        delaynms(1000);           //延时约 1 ms
```

```
    Init_DS18B20( );           //初始化 DS18B20
    WriteOneChar(0xcc);        //写跳过 ROM 的操作命令(CCH)
    WriteOneChar(0xbe);        //写读取温度值命令
}
```

3. 电机驱动

由于本项目所设计的环境监测机器人是小型机器人，因此使用的电机是微型减速直流电机，电机驱动选择 L298N 双 H 桥直流电机驱动芯片来实现。L298N 是一款单片集成的高电压、高电流、双路全桥式电机驱动，设计用于连接标准 TTL 逻辑电平，驱动电感负载(诸如继电器、线圈、DC 和步进电机)。

1) 产品参数

(1) 驱动电压供电范围 VS：+4.8～+46 V。

(2) 驱动部分峰值电流 I_0：2 A。

(3) 逻辑部分端子供电范围 VSS：+5～+7 V。

(4) 逻辑部分工作电流范围：0～36 mA。

(5) 控制信号输入电压范围：

低电平：−0.3 V≤VIN≤1.5 V。

高电平：2.3 V≤VIN≤VSS。

(6) 使能信号输入电压范围：

低电平：−0.3 V≤VIN≤1.5 V(控制信号无效)。

高电平：2.3 V≤VIN≤VSS (控制信号有效)。

(7) 最大功耗：20 W(温度 T=75 ℃时)。

(8) 存储温度：−25～+130 ℃。

2) 内部模块框图

L298N 的内部模块框图如图 9-12 所示，其引脚说明如表 9-4 所示。比较常见的是 15 脚 Multiwatt 封装，L298N 提供两个使能输入端，可以在不依赖输入信号的情况下，使能或禁用 L298N 器件。内部包含 4 通道逻辑驱动电路，可以很方便地驱动两个直流电机或一个两相步进电机。

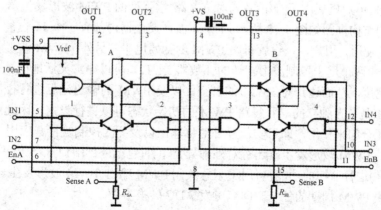

图 9-12　L298N 的内部模块框图

表 9-4　L298N 引脚说明

引脚编号	名称	功　　能
1，15	Sense A，Sense B	引脚与地之间连接一个电阻用于电流检测，可设置为 0 Ω
2，3	OUT1，OUT2	左侧 H 桥(A)的输出，驱动直流电机时，电机两端接这两个引脚
4	VS	驱动部分电源，此引脚与地之间必须接一个 100 nF 的电容
5，7	IN1，IN2	TTL 逻辑电平，左侧 H 桥(A)的输入引脚
6，11	EnA，EnB	TTL 逻辑电平，使能输入引脚，低电平无效，高电平使能
8	GND	地
9	VSS	逻辑部分电源，此引脚与地之间必须接一个 100 nF 的电容
10，12	IN3，IN4	TTL 逻辑电平，右侧 H 桥(B)的输入引脚
13，14	OUT3，OUT4	右侧 H 桥(B)的输出，驱动直流电机时，电机两端接这两个引脚

以 A-H 桥为例，若在 OUT1、OUT2 处接一个直流电机，则 L298N 工作的控制方式及直流电机状态如表 9-5 所示。

表 9-5　L298N 工作的控制方式及直流电机状态

EnA	IN1	IN2	直流电机状态
0	X	X	停止
1	0	0	制动
1	0	1	正转
1	1	0	反转
1	1	1	制动

若要对直流电机进行 PWM 调速，需设置 IN1 和 IN2，确定电机的转动方向，然后对使能端输出 PWM 脉冲，即可实现调速。注意当使能信号为 0 时，电机处于自由停止状态；当使能信号为 1，且 IN1 和 IN2 为 00 或 11 时，电机处于制动状态，阻止电机转动。

4. 增强型 PWM

STC8 系列单片机集成了一组(各自独立 8 路)增强型的 PWM 波形发生器，某一路 PWM 波形发生器的结构框图如图 9-13 所示。PWM 波形发生器内部有一个 15 位的 PWM 计数器供 8 路 PWM 使用，用户可以设置每路 PWM 的初始电平。另外，PWM 波形发生器为每路 PWM 又设计了两个用于控制波形翻转的计数器 T1/T2，可以非常灵活地调整每路 PWM 的高、低电平宽度，从而达到对 PWM 的占空比以及 PWM 的输出延迟进行控制的目的。由于 8 路 PWM 是各自独立的，且每路 PWM 的初始状态可以进行设定，因此用户可以将其中任意两路配合起来使用，即可实现互补对称输出以及死区控制等特殊应用。

增强型的 PWM 波形发生器还有对外部异常事件(包括外部端口 P3.5 电平异常、比较器比较结果异常)进行监控的功能，可用于紧急关闭 PWM 输出。PWM 波形发生器还可与 ADC 相关联，设置 PWM 周期的任一时间点触发 ADC 转换事件。

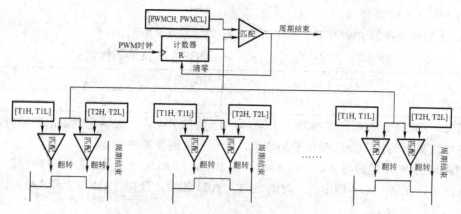

图 9-13 PWM 波形发生器的结构框图

1) PWM 的相关寄存器

增强型 PWM 的相关寄存器如表 9-6 所示，由于寄存器数量比较大，这里只给出与 PWM0 使用相关的寄存器，完整的内容大家可以查阅江苏国芯科技有限公司的 STC8 数据手册第 390 页。

特别注意，有关增强型 PWM 各模块的功能脚在项目 1 的表 1-5 中已介绍了，这里就不再赘述。系统开机默认 PWM0～PWM7 模块对应的输出引脚为 P2.0～P2.7。

表 9-6 增强型 PWM 的相关寄存器

符号	描述	地址	位地址与符号							
			B7	B6	B5	B4	B3	B2	B1	B0
PWMCFG	增强型 PWM 配置寄存器	F1H	CBIF	ETADC	—	—	—	—	—	—
PWMIF	增强型 PWM 中断标志寄存器	F6H	C7IF	C6IF	C5IF	C4IF	C3IF	C2IF	C1IF	C0IF
PWMCR	PWM 控制寄存器	F3H	ENPWM	ECBI	—	—	—	—	—	—
PWMCH	PWM 计数器高字节	FFF0H	—							
PWMCL	PWM 计数器低字节	FFF1H								
PWMCKS	PWM 时钟选择寄存器	FFF2H	—	—	—	SELT2	PWM_PS[3:0]			
PWM0T1H	PWM0T1 计数值高字节	FF00H								
PWM0T1L	PWM0T1 计数值低字节	FF01H								
PWM0T2H	PWM0T2 计数值高字节	FF02H								
PWM0T2L	PWM0T2 计数值低字节	FF03H								
PWM0CR	PWM0 通道控制寄存器	FF04H	ENC0O	C0INI	—	C0_S[1:0]		EC0I	EC0T2SI	EC0T1SI
PWM0HLD	PWM0 通道电平保持控制寄存器	FF05H	—	—	—	—	—	—	HC0H	HC0L

(1) PWM 配置寄存器。

PWM 配置寄存器 PWMCFG 各位的具体定义如表 9-7 所示。

表 9-7　PWM 配置寄存器 PWMCFG 各位的具体定义

符号	地址	B7	B6	B5	B4	B3	B2	B1	B0
PWMCFG	F1H	CBIF	ETADC	—	—	—	—	—	—

CBIF：PWM 计数器归零中断标志位。当 15 位的 PWM 计数器记满溢出归零时，硬件自动将此位置 1，并向 CPU 提出中断请求，此标志位需要软件清零。

ETADC：PWM 是否与 ADC 关联。为 0 则 PWM 与 ADC 不关联；为 1 则 PWM 与 ADC 相关联，允许在 PWM 周期中某个时间点触发 A/D 转换，使用 TADCPH 和 TADCPL 进行设置。

(2) PWM 中断标志寄存器。

PWM 中断标志寄存器 PWMIF 各位的具体定义如表 9-8 所示。

表 9-8　PWM 中断标志寄存器 PWMIF 各位的具体定义

符号	地址	B7	B6	B5	B4	B3	B2	B1	B0
PWMIF	F6H	C7IF	C6IF	C5IF	C4IF	C3IF	C2IF	C1IF	C0IF

CnIF：第 n 通道 PWM 的中断标志位，n 为 0～7。可设置在各路 PWM 的翻转点 1 和翻转点 2，当所设置的翻转点发生翻转事件时，硬件自动将此位置 1，并向 CPU 提出中断请求，此标志位需要软件清零。

(3) PWM 控制寄存器。

PWM 控制寄存器 PWMCR 各位的具体定义如表 9-9 所示。

表 9-9　PWM 控制寄存器 PWMCR 各位的具体定义

符号	地址	B7	B6	B5	B4	B3	B2	B1	B0
PWMCR	F3H	ENPWM	ECBI	—	—	—	—	—	—

ENPWM：使能增强型 PWM 波形发生器。为 0 则关闭 PWM 波形发生器；为 1 则使能 PWM 波形发生器，PWM 计数器开始计数。

ECBI：PWM 计数器归零中断使能位。为 0 则关闭 PWM 计数器归零中断(CBIF 依然会被硬件置位)；为 1 则使能 PWM 计数器归零中断。

关于 ENPWM 控制位的重要说明如下：

ENPWM 一旦被使能，内部的 PWM 计数器就立即开始计数，并与 T1/T2 两个翻转点的值进行比较。所以 ENPWM 必须在其他所有的 PWM 设置(包括 T1/T2 翻转点的设置、初始电平的设置、PWM 异常检测的设置以及 PWM 中断设置)都完成后，才能使能 ENPWM 位。

ENPWM 控制位既是整个 PWM 模块的使能位，也是 PWM 计数器开始计数的控制位。在 PWM 计数器计数的过程中，ENPWM 控制位被关闭时，PWM 计数会立即停止，当再次使能 ENPWM 控制位时，PWM 的计数会从 0 开始重新计数，而不会记忆 PWM 停止计数前的计数值。

(4) PWM 计数器寄存器。

PWM 计数器寄存器是一个由 PWMCH 和 PWMCL 组成的 15 位寄存器，如表 9-10 所示，可设定 1~32767 之间的任意值作为 PWM 的周期。PWM 波形发生器内部的计数器从 0 开始计数，每个 PWM 时钟周期递增 1，当内部计数器的计数值达到[PWMCH，PWMCL]所设定的 PWM 周期时，PWM 波形发生器内部的计数器将会从 0 开始重新计数，硬件会自动将 PWM 归零中断标志位 CBIF 置 1，若 ECBI = 1，程序将跳转到相应中断入口执行中断服务程序。

表 9-10　PWM 计数器寄存器

符号	地址	B7	B6	B5	B4	B3	B2	B1	B0
PWMCH	FFF0H	—							
PWMCL	FFF1H								

(5) PWM 时钟选择寄存器。

PWM 时钟选择寄存器 PWMCKS 各位的具体定义如表 9-11 所示。

表 9-11　PWM 时钟选择寄存器 PWMCKS 各位的具体定义

符号	地址	B7	B6	B5	B4	B3	B2	B1	B0
PWMCKS	FFF2H	—	—	—	SELT2	PWM_PS[3:0]			

SELT2：PWM 时钟源选择。为 0 则 PWM 时钟源为系统时钟经分频器分频之后的时钟；为 1 则 PWM 时钟源为定时器 T2 的溢出脉冲。

PWM_PS[3:0]：系统时钟预分频参数，具体的参数选择如表 9-12 所示。

表 9-12　PWM 时钟预分频参数选择

SELT2	PWM_PS[3:0]	PWM 输入时钟源频率
1	xxxx	定时器 T2 的溢出脉冲
0	0000	$SYS_{clk}/1$
0	0001	$SYS_{clk}/2$
…	…	…
0	X	$SYS_{clk}/(X+1)$
…	…	…
0	1111	$SYS_{clk}/16$

(6) PWM 翻转点设置计数值寄存器。

PWM 每个通道的{PWMnT1H，PWMnT1L}和{PWMnT2H，PWMnT2L}分别组合成两个 15 位的寄存器，如表 9-13 所示，用于控制各路 PWM 每个周期中输出 PWM 波形的两个翻转点。在 PWM 的计数周期中，当 PWM 的内部计数值与所设置的第 1 个翻转点的值{PWMnT1H，PWMnT1L}相等时，PWM 的输出波形会自动翻转为低电平；当 PWM 的内部计数值与所设置的第 2 个翻转点的值{PWMnT2H，PWMnT2L}相等时，PWM 的输出波形会自动翻转为高电平。

表 9-13　PWM 翻转点设置计数值寄存器

符号	地址	B7	B6	B5	B4	B3	B2	B1	B0
PWM0T1H	FF00H	—							
PWM0T1L	FF01H								
PWM0T2H	FF02H	—							
PWM0T2L	FF03H								

注意：当{PWM*n*T1H, PWM*n*T1L}与{PWM*n*T2H, PWM*n*T2L}设置的值相等时，第 2 组翻转点的匹配将被忽略，即只会翻转为低电平。

(7) PWM0 通道控制寄存器。

PWM0 通道控制寄存器 PWM0CR 各位的具体定义如表 9-14 所示。

表 9-14　PWM0 通道控制寄存器 PWM0CR 各位的具体定义

符号	地址	B7	B6	B5	B4	B3	B2	B1	B0
PWM0CR	FF04H	ENC0O	C0INI	—	C0_S[1:0]		EC0I	EC0T2SI	EC0T1SI

ENC0O：PWM 输出使能位。为 0 则 PWM0 通道的端口为 GPIO；为 1 则 PWM0 通道的端口为 PWM 输出口，受 PWM 波形发生器控制。

C0INI：设置 PWM 输出端口的初始电平。为 0 则第 0 通道的 PWM 初始电平为低电平；为 1 则第 0 通道的 PWM 初始电平为高电平。

C0_S[1:0]：PWM 输出功能脚切换选择，请参考项目 1 的表 1-5。

EC0I：第 0 通道的 PWM 中断使能控制位。为 0 则关闭第 0 通道的 PWM 中断；为 1 则使能第 0 通道的 PWM 中断。

EC0T2SI：第 0 通道的 PWM 在第 2 个翻转点中断使能控制位。为 0 则关闭第 0 通道的 PWM 在第 2 个翻转点中断；为 1 则使能第 0 通道的 PWM 在第 2 个翻转点中断。

EC0T1SI：第 0 通道的 PWM 在第 1 个翻转点中断使能控制位。为 0 则关闭第 0 通道的 PWM 在第 1 个翻转点中断；为 1 则使能第 0 通道的 PWM 在第 1 个翻转点中断。

(8) PWM0 通道电平保持控制寄存器。

PWM0 通道电平保持控制寄存器 PWM0HLD 各位的具体定义如表 9-15 所示。

表 9-15　PWM0 通道电平保持控制寄存器 PWM0HLD 各位的具体定义

符号	地址	B7	B6	B5	B4	B3	B2	B1	B0
PWM0HLD	FF05H	—	—	—	—	—	—	HC0H	HC0L

HC0H：第 0 通道 PWM 强制输出高电平控制位。为 0 则第 0 通道 PWM 正常输出；为 1 则第 0 通道 PWM 强制输出高电平。

HC0L：第 0 通道 PWM 强制输出低电平控制位。为 0 则第 0 通道 PWM 正常输出；为 1 则第 0 通道 PWM 强制输出低电平。

2) PWM 实现呼吸灯举例

```
void main(void)
{
    P_SW2 = 0x80 ;          //EAXFR 置 1，访问位于 XDATA 区域的 SFR
    PWMCKS = 0x00 ;         //PWM 时钟为系统时钟
    PWMC = CYCLE ;          //设置 PWM 周期为 CYCLE
    PWM0T1 = 0x0000 ;
    PWM0T2 = 0x0001 ;
    PWM0CR = 0x80 ;         //使能 PWM0 输出
    P_SW2 = 0x00 ;          // EAXFR 置 0，访问位于 DATA 区域的 SFR
    PWMCR = 0xC0 ;          //启动 PWM 模块
```

```
    EA = 1 ;
    while(1) ;
}
void PWM_Isr( ) interrupt 22
{
    static bit dir = 1 ;
    static int val = 0 ;
    if(PWMCFG & 0x80)
    {
        PWMCFG &= ～0x80 ;        //清中断标志
        if(dir)
        {
            val++ ;
            if(val >= CYCLE) dir = 0 ;
        }
        else
        {
            val-- ;
            if(val <= 1) dir = 1;
        }
        _push_(P_SW2) ;
        P_SW2 = 0x80 ;
        PWM0T2 = val ;
        _pop_( P_SW2) ;
    }
}
```

9.2　案例——环境监测机器人

环境监测机器人案例的设计要求是通过蓝牙通信的方式，在蓝牙调试助手上对四轮机器人的行为进行控制。可以控制机器人前进、后退、停止、转向、加速和减速。在机器人行走过程中可以采集当前机器人所处环境的温度、湿度、PM2.5 等参数，并且将参数值通过蓝牙传输给蓝牙通信助手显示。

本案例可以采用 4 轮小车车体、L298 模块、蓝牙通信模块、STC8 最小系统板、电池和 DS18B20 温度传感器等组合搭建整个硬件平台。读者可扫描右侧的二维码来观看本案例的演示效果。

环境监测机器人
效果演示

9.2.1　RDM 项目管理作业流程

随着社会的发展，项目开发的管理也进入了平台管理阶段，例如世界上流行的青铜器 RDM 管理平台，就是在研发体系结构设计和各种管理理论基础 (集成化产品开发 IPD、能力成熟度模型集成 CMMI、敏捷开发实践 Scrum 等)之上，借助信息平台对研发过程进行规范化管理，涵盖高层研发决策管理、集成产品管理、集成研发项目管理、研发职能管理、研发流程和质量管理体系，涉及和包含团队建设、流程设计、绩效管理、风险管理、成本管理、需求管理、测试管理、文档管理、规划管理、资源管理、项目管理和知识管理等一系列协调活动。应用好管理平台可以帮助企业更高效地完成项目，当然，初学者要运用好这些平台还有些难度，我们先初步了解一下。

1. 项目要求与需求分析

一个公司的项目，一般来自两个方面：一是客户的定制，二是市场的通用。例如环境监测机器人项目就属于客户定制。确定客户需求后，在开始项目之前，有必要先对项目功能做一个概括性的分析。既然要做一个环境监测机器人，那么最基本的功能是对机器人行动进行控制，并且能监测一些环境数据，能将采集的数据传输、显示等。

2. 项目立项与评估

一般在公司里，项目的立项和基本的评估是前期一起做的，即立项评审。一般的流程大致是"业务发起评审"→"业务在线评审"→"助理发起评审"→"技术在线评审"，当这些在线的基本评审完成之后，就会进入实质性评审。市场代表根据市场和客户需求拟制"项目建议书"，务必明确项目的具体要求。填写时，需要找硬件、软件、结构相关技术人员确认，以确保技术的准确性和可行性。经上级批准以后，便可进入最为关键的立项会议，与会人员包括项目经理、硬件代表、软件代表、结构代表、工程代表、业务代表、采购代表等，立项会议上，必须明确立项需求，确保评审意见达成一致并落实相关负责人。之后编写项目建议书，项目一定要认真分析，确认可行性。立项时，市场需要对价格和销售量进行大体承诺，研发需要对进度和质量进行承诺。当然，项目的偏差也要考虑。另外，项目建议书实际也是一种项目的范围定义，关系到整个项目该做哪些、不做哪些。对于市场和客户需求，研发一定要充分沟通和确认，以免项目运行中发生变更。再之后就是一系列的规划书，需要对项目做个大体的规划，等规划得差不多以后，需要再次评估项目的可发展性，保证项目信息完善，并落实项目计划、资源分配。还有项目会议，与会人员包括项目经理、项目管理者、责任硬件工程师、PCB 工程师、责任软件工程师、责任测试工程师、采购工程师。此项目会议由项目经理和项目管理者负责召开。等这些流程完成以后，项目便可进入实质性的研发阶段。

3. 项目分工和总体的结构框架

上面立项评审中已经提到，设计主要包括硬件、软件和结构的设计，这里我们主要讲解硬件设计和软件设计，先详细讲解一下硬件设计的流程，软件设计在后面的内容里介绍。

硬件设计流程大致可分为以下几个步骤。

(1) 制订项目硬件设计概要。设计概要即项目各部分实现方案说明，包含结构设计、电源、需求分配、I/O 规划、元件选型及成本分析、LAYOUT 注意事项等。

(2) 制订原理图。硬件工程师依据参考原理图，完成原理图设计。设计周期为 3～5 天 (依据不同的方案，周期可能有所不同)。硬件工程师需提交研发物料申请至项目助理，助理再提交 "关键物料表" 到采购代表，采购代表根据硬件工程师提供的研发关键物料申请单采购物料，采购周期为 7 天。

(3) 审查原理图。硬件工程师将完成的原理图提交至项目经理审查，审查周期为半天。输出 "电路原理图检查表"。在原理图定好后即可以导出原始 BOM，再用 BOM 生成工具生成 BOM，同时可以提交进行成本核算。

(4) PCB LAYOUT。原理图完成后，PCB 工程师进行 LAYOUT，周期为 3～4 天(依据不同的方案，周期可能有所不同)；硬件工程师在提交 LAYOUT 时需要同时提交 LAYOUT 指导文件，PCB 工程师在画板前需要和硬件工程师充分沟通理解指导中的每项要求。

(5) LAYOUT 评审。硬件工程师将完成的 PCB LAYOUT 提交至项目经理审查，审查周期为半天，输出 "PCB 检测表"。硬件工程师在提交 LAYOUT 之前还需要同结构工程师对结构部分进行确认，包括对端子位置、定位孔位置、装配工艺等的确认。

(6) 发板、制板、回板。LAYOUT 完成，由 PCB 工程师发工厂进行制板，有两种打板形式，即快板和慢板。快板周期为 48 小时。慢板周期为 5～6 天(打板快慢需结合市场需求、项目计划而定)。

(7) 焊板、调试。PCB 光板回公司后，由焊接技术员焊板，提交 "样板焊接记录表"，焊接周期按项目进度进行。在手焊板完成后，由硬件部安排调试，硬件平台验证的同时，软件在此阶段也需要进行初步功能的开发，联合硬件一起进行功能和性能调试，适时进行软件测试。

(8) 基本测试。由测试代表安排基本电气性能测试，结合软件测试，侧重硬件方面，基本测试周期为 5～7 天(复合测试需看产品具体测试项目时间而定)，输出 "基本测试报告" 等文件。样机测试及报告，包括认证摸底，需要详细的测试报告。测试问题需要列入硬件更改记录表进行跟踪，同时需要助理对测试的问题进行跟踪处理。

(9) 填写硬件更改记录表。内容包含：对已定的平台规划、产品规划、项目计划、概要设计、原始设计等做的更改。这些记录保证项目信息变化的可追溯性，主要是给各部门沟通、以后的样机调试等作参考。

4. 技术准备与难关突破

在项目的开发中，难免会遇到一些新技术、知识难点，此时，最直接、最准确、最权威的方法是查阅所用器件的数据手册(也即规格书)，例如所选的单片机芯片是 STC8A8K64S4A12，那么就应该到 STC 的官网获取其数据手册，继而获取自己想要的知识。该项目需要各种传感器可采集一些环境参数，如温度传感器 DS18B20、PM2.5 检测传感器等，首先要做的就是找到它们的数据手册，之后去查阅相关知识。

5. 程序总体框架和功能划分

前面我们完成了项目的立项、评估和总体功能的分析，同时还介绍了硬件开发的流程， 以及补充了知识短板，有了这些作为基础，接下来要做的就是软件程序的实现。只有软件、 硬件完美结合，才能实现系统的完美呈现。一个项目，首先得有总体的把握，即有一个总体的框架图，之后围绕这个总体的框架图开始划分各个子功能，然后具体实现每个子功能；等子功能全部实现了，再进行综合调试；待总体调试通过之后，可能还需要做老化、抗震等测试。本项目由前面的功能可知，主要需要电机驱动、蓝牙通信、温度传感器等模块，因此，可画出图 9-14 所示的系统框图，从而构建出硬件系统原理图，如图 9-15 所示。

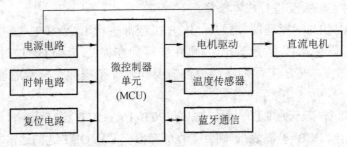

图 9-14　环境监测机器人系统框图

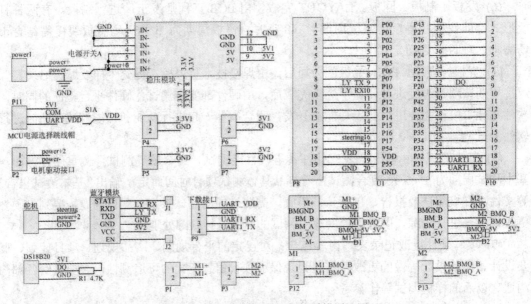

图 9-15　环境监测机器人硬件系统原理图

有了硬件平台，接下来就要编写程序，实现具体的功能了。在编程之前，有个很重要步骤，那就是要对整个程序有一个规划，即要绘制总体的流程图，之后按流程图先搭建主函数，再一个功能一个功能地添加，并分步调试通过，绝对不是将所有的底层驱动堆积到一起，没有头绪、没有条理地找问题。环境监测机器人的总体流程图如图 9-16 所示。

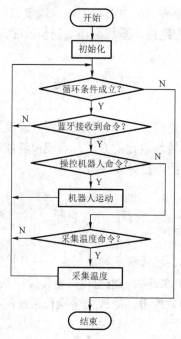

图 9-16　环境监测机器人的总体流程图

6. 各个子功能和总体程序的编写

接下来就可以按照上面的总体流程图开始搭建程序框架了。在搭建好之后，开始子模块编程之前，还应该画子函数流程图，只有这样一步一步、稳扎稳打，才能写出好的程序。分析程序可知，主要的驱动包括：温度传感器、电机驱动、蓝牙通信等。由于篇幅限制，这里就不展示完整的程序代码，完整的程序读者可扫描右侧的操作手册二维码，从中截取，实际环境监测可以采集很多环境参数。本项目仅以温度采集为例，读者可以自行完成其他参数的测量设计。

环境监测机器人
操作手册

程序中有详细的注释，读者结合注释和数据手册应该可以理解。笔者在文中一直在提数据手册，因为官方的数据手册才是了解器件、设计电路、编写驱动源码最权威、最直接、最正确的资料，因此读者一定要养成看数据手册解决问题的基本功。

7. 系统调试

实际上，在项目开发的过程中，我们需要一直做系统调试的工作，而不是在所有的硬件、软件设计完成后才进行调试，这样会导致一旦出现问题，排查问题的难度非常大。所以在硬件设计的时候首先要验证每个模块的正确性，再组合成完整的硬件系统。软件设计时每完成一个模块就要在硬件系统上验证是否成功，这样一个模块一个模块地往上叠加实现的功能，会大大提高项目开发的效率，尽可能避免设计错误的发生。

9.2.2　举一反三

通过案例的学习，读者可以在理解案例的基础上进行一些拓展训练，思考以下几个问题该如何解决：

(1) 增加检测机器人周围是否有火源的功能，系统该如何修改呢？

(2) 若想增加机器人的遥控距离，系统又该如何修改呢？

小　　结

本项目介绍了单片机模块化设计、项目开发流程、温度采集等内容。通过环境监测机器人案例，读者了解了单片机模块设计的方法，希望读者能在以后的练习中掌握好单片机模块化设计的方法，积累更多的项目开发经验。

习　　题

随着芯片设计技术的发展、芯片集成度的提高、单片机的内部 Flash 空间的增大，在不增加外部存储器的 51 单片机系统中，也可以"跑"操作系统了。通过查阅相关资料，请读者将环境监测机器人项目的软件设计修改为带操作系统的方案来设计实现，期待读者的优秀成果。

附　录

附录 A　数制与编码

单片机内部采用的数据系统和计算机的一样，都是二进制，因此，经由单片机计算与处理的数值、字母、符号等都必须采用二进制代码表示。而我们日常所熟悉的是十进制数，要想和单片机沟通，就必须用它能够理解的"话"，所以我们首先要弄清楚它们之间的联系，才能更好地应用。

1. 数制

数制，即进位计数制，常用的数制有二进制、十进制和十六进制。在书写中为了以示区分，通常用后缀不同的字母来代表不同的进制，D(Decimal)代表十进制(可省略)、B(Binary)代表二进制、H(Hexadecimal)代表十六进制。

1) 十进制

十进制数的两个基本特点：

(1) 基数为 10，每一位数是 0~9 这十个数码中的一个。

(2) 逢十进一，借一当十。

任意一个十进制数的按权展开式为

$$N = K_n \times 10^n + K_{n-1} \times 10^{n-1} + \cdots + K_1 \times 10^1 + K_0 \times 10^0 + K_{-1} \times 10^{-1} + \cdots + K_{-m} \times 10^{-m}$$
$$= \sum_{i=-m}^{n} K_i \times 10^i$$

例如，十进制数 326.75 按权展开为

$$326.75 = 3 \times 10^2 + 2 \times 10^1 + 6 \times 10^0 + 7 \times 10^{-1} + 5 \times 10^{-2}$$

2) 二进制

二进制数的两个基本特点：

(1) 基数为 2，每一位数只能是 0 和 1 这两个数码中的一个。

(2) 逢二进一，借一当二。

任意一个二进制数的按权展开式为

$$N = K_n \times 2^n + K_{n-1} \times 2^{n-1} + \cdots + K_1 \times 2^1 + K_0 \times 2^0 + K_{-1} \times 2^{-1} + \cdots + K_{-m} \times 2^{-m} = \sum_{i=-m}^{n} K_i \times 2^i$$

例如，二进制数 1101.01B 按权展开为

$$1101.01B = 1 \times 2^3 + 1 \times 2^2 + 0 \times 2^1 + 1 \times 2^0 + 0 \times 2^{-1} + 1 \times 2^{-2}$$

3) 十六进制

十六进制数的两个基本特点：

(1) 基数为 16，每一位数是 0～9、A～F 这十六个数码中的一个。

(2) 逢十六进一，借一当十六。

其中，A 代表 10，B 代表 11，C 代表 12，D 代表 13，E 代表 14，F 代表 15。

任意一个十六进制数的按权展开式为

$$N = K_n \times 16^n + K_{n-1} \times 16^{n-1} + \cdots + K_1 \times 16^1 + K_0 \times 16^0 + K_{-1} \times 16^{-1} + \cdots + K_{-m} \times 16^{-m}$$

$$= \sum_{i=-m}^{n} K_i \times 16^i$$

例如，十六进制数 4B3.2EH 按权展开为

$$4B3.2EH = 4 \times 16^2 + 11 \times 16^1 + 3 \times 16^0 + 2 \times 16^{-1} + 14 \times 16^{-2}$$

注意：如果以后编写程序代码时需使用十六进制的话，数据的第一个字符如果是字母，则字母前必须加上"0"，例如 0AFH。

2. 数制间的转换

1) 二进制数、十六进制数转换为十进制数

二进制数、十六进制数转换为十进制数的方法很简单，只需将待转换的数按权展开，求出各加权系数的和，即可得到相对应的十进制数。

例 1　将二进制数 1100.01B 转换成十进制数。

解　$1100.01B = 1 \times 2^3 + 1 \times 2^2 + 0 \times 2^1 + 0 \times 2^0 + 0 \times 2^{-1} + 1 \times 2^{-2} = 12.25$

例 2　将十六进制数 E2.4CH 转换成十进制数。

解　$E2.4CH = 14 \times 16^1 + 2 \times 16^0 + 4 \times 16^{-1} + 12 \times 16^{-2} = 226.296875$

2) 十进制数转换为二进制数、十六进制数

十进制数转换为二进制数或十六进制数时，需要将整数部分和小数部分分开进行转换，再将结果组合在一起。其中整数部分的转换方法是"除基数取余逆序排列"，小数部分的转换方法是"乘基数取整顺序排列"。下面通过具体数据举例说明。

例 3　将十进制数 14.375 转换成二进制数。

解　(1)将整数部分"14"用"除 2 取余逆序排列"，即将"14"逐次除以 2，依次记下余数，直至商为 0。其中，第一次除得的余数为二进制数整数部分的最低位，最后一次除得的余数为二进制数整数部分的最高位。

得到 14=1110B。

(2) 将小数部分"0.375"用"乘 2 取整顺序排列"，即将"0.375"逐次乘以 2(每次

都是小数部分进行乘 2)，依次记下积的整数部分，直至积的小数部分为 0。其中，第一次记下的数为二进制数小数部分的最高位，最后一次记下的数为二进制数小数部分的最低位。

$$
\begin{array}{r}
0.375 \\
\times\ 2 \\
\hline
\boxed{0}.750 \\
\times\ 2 \\
\hline
\boxed{1}.500 \\
\times\ 2 \\
\hline
\boxed{1}.000
\end{array}
$$

…… 整数为 0　　最高位

…… 整数为 1

…… 整数为 1　　最低位

得到 0.375 = 0.011B。因此，14.375 = 1110.011B。

例 4　将十进制数 205.296875 转换成十六进制数。

解　(1) 整数部分转换。

$$
\begin{array}{r}
16\ \underline{|\quad 205} \\
16\ \underline{|\quad 12} \quad\cdots\cdots \quad\text{余数为 D} \\
0 \quad\cdots\cdots \quad\text{余数为 C}
\end{array}
$$

最低位　最高位

得到 205 = CDH。

(2) 小数部分转换。

$$
\begin{array}{r}
0.296875 \\
\times\quad 16 \\
\hline
\boxed{4}.750 \\
\times\quad 16 \\
\hline
\boxed{12}.000
\end{array}
$$

…… 整数为 4　　最高位

…… 整数为 C　　最低位

得到 0.296875 = 0.4CH。因此，205.296875 = CD.4CH。

3) 二进制数与十六进制数间的相互转换

将十六进制数中的每一位数码分别用 4 位二进制数码表示，即可将该十六进制数转换成二进制数，转换结果中最左侧和最右侧的 0 可以舍去；相反，将二进制数转换成十六进制数的方法是以小数点为界，分别向左、向右每 4 位二进制数码用一位十六进制数码表示，不足 4 位的以 0 补足，其中小数点左侧部分左补 0，小数点右侧部分右补 0。

例 5　将十六进制数 4A2.3CH 转换成二进制数。

解

4	A	2	. 3	C
↓	↓	↓	↓	↓
0100	1010	0010	0011	1100

因此，4A2.3CH = 10010100010.001111B。

例 6　将二进制数 11001001011.010111B 转换成十六进制数。

解

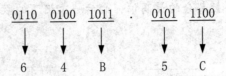

因此，11001001011.010111B = 64B.5CH。

为了方便读者记忆，特将 0～F 这 16 个数码与二进制数、十进制数的对应关系制成附表 1。

附表 1　二进制、十进制和十六进制对照表

十进制	二进制	十六进制
0	0000	0
1	0001	1
2	0010	2
3	0011	3
4	0100	4
5	0101	5
6	0110	6
7	0111	7
8	1000	8
9	1001	9
10	1010	A
11	1011	B
12	1100	C
13	1101	D
14	1110	E
15	1111	F

3. 编码

n 位二进制数可以组合成 2^n 个不同的信息，给每个信息规定一个具体码组，这种过程叫编码。下面介绍两种计算机中常用的编码。

1) 二-十进制编码

二-十进制编码又称 BCD(Binary Coded Decimal)编码，是指每一位十进制数码均用一组二进制数码来表示的编码。

每一位十进制数码(0～9)可用 4 位二进制数码表示，也可用 8 位二进制数码表示(高 4 位全为 0)，前者称为压缩 BCD 码，后者称为非压缩 BCD 码。对于压缩 BCD 码，根据编码的选取方法不同，又可分为 8421 码、5421 码、余 3 码等。其中最常用的是 8421BCD 码，附表 2 列出了十进制数码与 8421BCD 码之间的对应关系。

附表2　十进制数码与 8421BCD 码之间的对应关系

十进制数码	8421BCD 码	十进制数码	8421BCD 码
0	0000	5	0101
1	0001	6	0110
2	0010	7	0111
3	0011	8	1000
4	0100	9	1001

注意：8421BCD 码必须在右下角进行标注，否则易与二进制数混淆。例如，10000011 作为 8421BCD 码的值是 83，而作为二进制数时的值为 131。在以后介绍的实例中，我们经常会利用 BCD 码格式的数据，所以现在一定要弄明白。

例7　将十进制数 47.85 转换成 8421BCD 码；将 8421BCD 码 10010111.0010 转换成十进制数。

解　(1) $47.85 = (01000111.10000101)_{8421BCD}$。

　　　(2) $(10010111.0010)_{8421BCD} = 97.2$。

2) 字符编码

计算机只能对二进制代码进行处理，因此，在计算机内，各类字符(包括字母、数字和符号)也必须用二进制代码来表示。目前采用得最普遍的是美国国家信息交换标准字符码，即 ASCII 码(American Standard Code for Information Interchange)，如附表 3 所示。

附表3　ASCII 码表

低位	高　位							
	000(0H)	001(1H)	010(2H)	011(3H)	100(4H)	101(5H)	110(6H)	111(7H)
0000(0H)	NUL	DLE	SP	0	@	P	`	p
0001(1H)	SOH	DC1	!	1	A	Q	a	q
0010(2H)	STX	DC2	”	2	B	R	b	r
0011(3H)	ETX	DC3	#	3	C	S	c	s
0100(4H)	EOT	DC4	$	4	D	T	d	t
0101(5H)	ENQ	NAK	%	5	E	U	e	u
0110(6H)	ACK	SYN	&	6	F	V	f	v
0111(7H)	BEL	ETB	‘	7	G	W	g	w
1000(8H)	BS	CAN	(	8	H	X	h	x
1001(9H)	HT	EM	)	9	I	Y	i	y
1010(AH)	LF	SUB	*	:	J	Z	j	z
1011(BH)	VT	ESC	+	;	K	[	k	{
1100(CH)	FF	FS	,	<	L	\	l	|
1101(DH)	CR	GS	−	=	M	]	m	}
1110(EH)	SO	RS	.	>	N	↑	n	~
1111(FH)	SI	US	/	?	O	←	o	DEL

ASCII 码采用 7 位二进制代码对字符进行编码，共有 128 种不同的组合状态，可以对应表示 128 个字符，其中包括 52 个大、小写英文字母，10 个阿拉伯数字，32 个通用控制符号和 34 个专用符号。例如，阿拉伯数字 8 用 ASCII 码表示为 0111000B(38H)，大写英文字母 Z 用 ASCII 码表示为 1011010B(5AH)。

虽然标准 ASCII 码是 7 位编码，但由于计算机基本处理单位为字节(1 字节有 8 位)，因此一般仍以一个字节来存放一个 ASCII 码。每一个字节中多余出来的一位(最高位)在计算机内部通常保持为 0(在数据传输时可用作奇偶校验位)。

注意：单片机中最小的数据单位是位，8 位二进制的数据为一个字节，16 位二进制的数据为一个字(两个字节)。

4. 带符号数的表示

计算机中的所有信息都是用二进制代码表示的，带符号数也不例外，通常把数(1 个字节)的最高位作为符号位，如附图 1 所示。

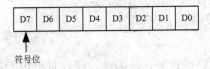

附图 1　符号位指示图

在计算机中，带符号数有三种表示方法：原码、反码和补码。

1) 原码

正数的符号位用"0"表示，负数的符号位用"1"表示，这种表示法称为原码。

例如：

$X_1 = +18 = +0010010$，则 $[X_1]_原 = 00010010$。

$X_2 = -18 = -0010010$，则 $[X_2]_原 = 10010010$。

0 的原码是不唯一的：$[+0]_原 = 00000000$，$[-0]_原 = 10000000$。

8 位二进制原码所能表示的数值范围是 11111111～01111111，即 -127～+127。

2) 反码

如果是正数，则其反码与原码相同；如果是负数，则其反码除符号位为 1 外，其他各数位均将 1 转换为 0，0 转换为 1。

例如：

$[+18]_原 = 00010010$，则 $[+18]_反 = 00010010$。

$[-18]_原 = 10010010$，则 $[-18]_反 = 11101101$。

$[+0]_原 = 00000000$，则 $[+0]_反 = 00000000$。

$[-0]_原 = 10000000$，则 $[-0]_反 = 11111111$。

8 位二进制反码所能表示的数值范围是 10000000～01111111，即 -127～+127。

3) 补码

如果是正数，则其补码与原码、反码相同；如果是负数，则其补码为反码加 1。

例如：

$[+18]_反 = 00010010$，则 $[+18]_补 = 00010010$。

[−18]_反 = 11101101，则[−18]_补 = 11101110。

[+0]_补 = [−0]_补 = 00000000。

[−127]_反 = 10000000，则[−127]_补 = 10000001。

8 位二进制补码所能表示的数值范围是 10000000～01111111，即 −128～+127。

附录B　开发板原理图及实物图

读者可以扫描下方的二维码来查看项目配套的开发板原理图及实物图。

开发板原理图及实物图

附录C　拓展项目任务书

读者可以扫描下方的二维码查看任务书，根据任务书的要求进行更多的拓展训练。

拓展项目任务书

参 考 文 献

[1]　林□，宋庆国，廖任秀. 单片机应用技术(C 语言版). 北京：清华大学出版社，2014.

[2]　何宾. STC8 系列单片机开发指南. 北京：电子工业出版社，2018.

[3]　刘平. STC15 单片机实战指南(C 语言版). 北京：清华大学出版社，2016.

[4]　王静霞. 单片机基础与应用(C 语言版). 北京：高等教育出版社，2016.

[5]　何宾. STC 单片机 C 语言程序设计. 北京：清华大学出版社，2018.

[6]　何宾. STC 单片机原理及应用：从器件、汇编、C 到操作系统的分析和设计. 北京：清华大学出版社，2015.

[7]　薛小铃，刘志群，贾俊荣. 51 单片机开发实战精讲：从模块到项目. 北京：清华大学出版社，2015.

[8]　陈静. 单片机应用技术项目化教程：基于 STC 单片机. 北京：化学工业出版社，2015.

[9]　李朝青. 单片机原理及接口技术. 北京：北京航空航天大学出版社，2007.

[10]　林□. 单片机应用实例开发. 西安：西安电子科技大学出版社，2009.

[11]　林□. 微控制器及其应用. 北京：人民邮电出版社，2010.